新説 東京地下要塞

隠された巨大地下ネットワークの真実

秋庭 俊
Akiba Shun

講談社

まえがき

サンシャインシティの地下四階には、知られざる巨大な地下変電所がある。東京電力のリストには載っていない変電所である。だが、サンシャインシティの事務所に聞くと、

「ここに変電所があることは、口外してはならないことになっています」

という答えが返ってきた。

極秘扱いということになるのだろうか。この変電所は公式には存在していない。豊島変電所という呼称も、一〇〇万kVAの発電量も、一度も発表されないまま現在に至っているのだという。しかも、この変電所は豊島区にあるにもかかわらず、豊島区や板橋区、北区には電力を供給していない。供給先は東京の都心部、というより東京の中心だそうである。

にわかには信じられないような話かもしれないが、これは歴然とした事実、東京の地下の真実である。

港区高輪・高野山東京別院という寺院の下にも、知られざる巨大な変電所がある。一九八九

（平成元）年に完成した高輪変電所である。いま、港区、目黒区、品川区、大田区には、ここから電力が供給されている。この変電所はとくに極秘扱いというほどではないが、ＴＢＳの番組で取材した際、

「寺の名前は伏《ふ》せてください」

との要請があった。

ＴＢＳの番組では「港区高輪にある寺院」としたが、私の著書では、以前から寺院の名を出している。どこに伏せる理由があるだろう。

この変電所は一九八〇年代につくられている。戦前から建っていた寺院の下に、地下階が増設されたということになる。とはいえ、これについては多くの専門家が、

「そんな建設は事実上、不可能」

と声をそろえている。

高野山東京別院という寺は、どうやら戦前から地下五階まであったということなのだろう。

それにしても、戦前の陸軍ならいざ知らず、戦後の政府がなぜ、このような不明朗《ふめいろう》な建設を繰り返しているのだろうか。その答えは東京の地下にあるはずである。

皇居や赤坂離宮には、かつて巨大な防空壕があった。陸軍参謀本部の防空壕は市谷、海軍軍令

部の防空壕は霞が関にあった。軍の中枢がこのように地下にもぐっていたのは、万一の空襲に備えていたからである。武器工場があった後楽園や、陸軍東部軍司令部の竹橋などにも、同じような地下建築がつくられていた。

だが、わが国の公式の歴史によれば、こうした防空壕を結ぶ地下ルートは存在しなかったとされている。空襲を想定して防空壕はつくったものの、空襲時の移動や輸送には気が回らなかったということだろうか。地下鉄建設の技術も確立していたが、最後までその技術は使われなかったそうである。

とはいえ、東京の地下に関する限り、私は公式の歴史を信じていない。都心の地下には、かつての都電のような路面電車が縦横に走っていたと思っている。サンシャインシティで、高野山の別院で、東京電力が何とも不明朗な工事をしているのも、戦前、そこに地下都電の駅や変電所があったからだと思う。

では、東京にはじめて極秘の地下鉄が敷《し》かれたのは、いつ頃だったのだろうか。その地下鉄を建設したのは、どこの会社だったのだろうか。

本書はこの二つの謎について、かなり具体的な仮説に到達している。東京にはじめて極秘の地下鉄が敷かれたのは、おそらく一九〇三（明治三六）年。その地下鉄を建設したのは、いまの小田急電鉄ではなかったのかというものである。どういう理由からこうした結論が導かれたのか、じっくりと吟味していただけたら幸いである。

二〇〇六年五月

秋庭《あきば》　俊《しゅん》

◉目次

第二章　足元に広がる洞道

第三章　現代の極秘地下建設

第四章　都営浅草線の真実

第五章　新宿・都営軌道

第六章　天下を掌握したのは誰か

新説　東京地下要塞

——隠された巨大地下ネットワークの真実

第一章　サンシャインシティの地下施設

グラウンド六つ分の地下駐車場

サンシャインビルの地下二〜三階は、駐車場である。わが国最大の地下駐車場なのだという。収容台数は一八〇〇台とも、一九〇〇台ともいわれている。

この駐車場を一周すると、サンシャインビルはその一部に過ぎないとわかる。プリンスホテル、専門店街、ワールドインポートマート、さらにこの駐車場は首都高の下にも広がっていて、その先の文化会館まで続いている。

通常、ビルには外壁がある。地下駐車場はその内側にある。駐車場がビルの外に広がることはなく、道路や首都高の先まで続いていることもない。だが、サンシャインビルにはそんな常識が通用しない。

地下駐車場の広さが六万平米というのも常軌《じょうき》を逸《いっ》している。たとえば、野球のグラウンドは、ざっと、一〇〇メートル四方、一万平米だから、池袋の地下に六つのグラウンドが広がっている計算になる。この駐車場は地下二層だから、都合、一二のグラウンドである。

豊島区東池袋、サンシャインビル周辺の地図が左にある。地下駐車場の範囲に斜線が引いてある。

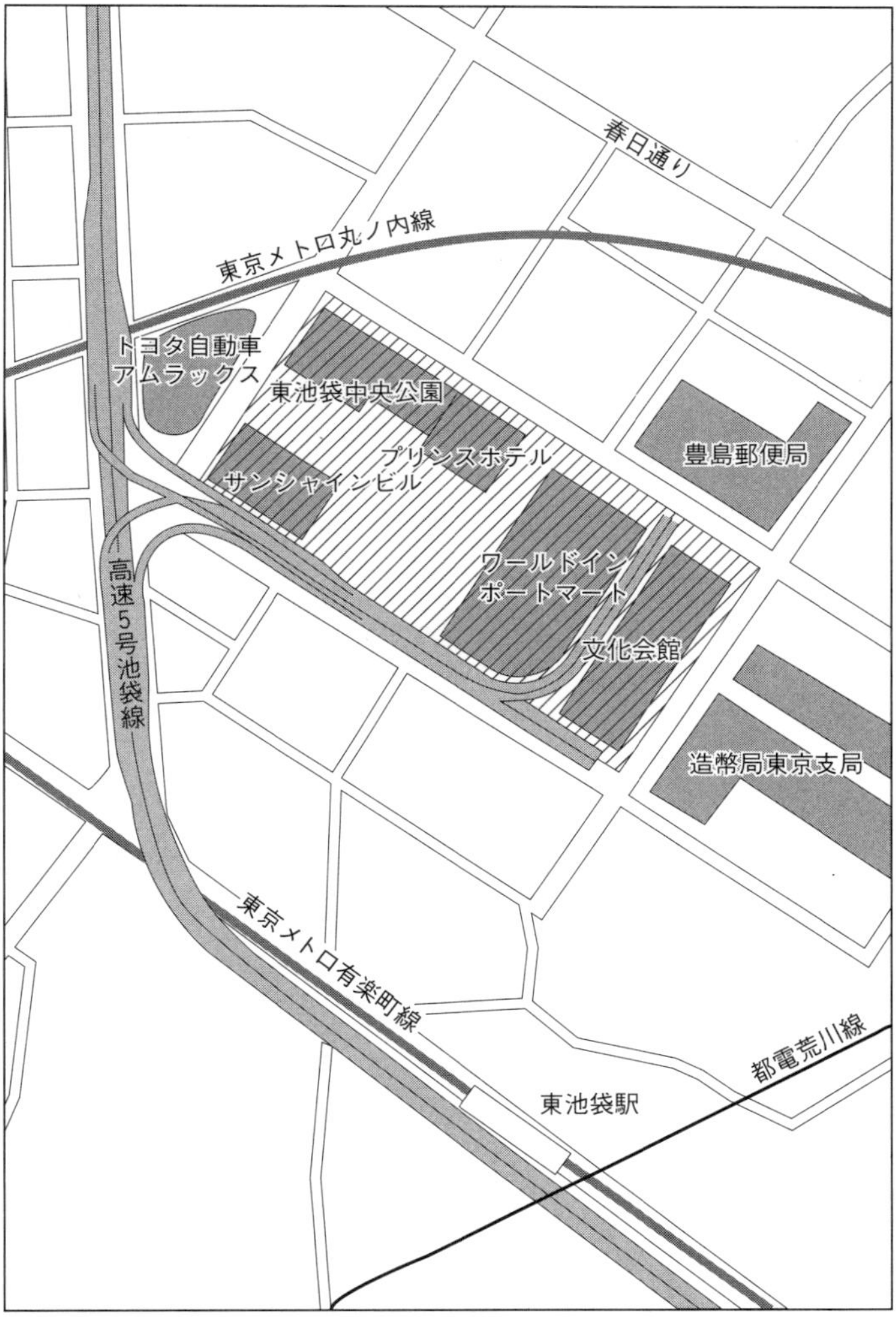
春日通り
東京メトロ丸ノ内線
トヨタ自動車
アムラックス
東池袋中央公園
プリンスホテル
サンシャインビル
豊島郵便局
ワールドイン
ポートマート
文化会館
造幣局東京支局
高速5号池袋線
東京メトロ有楽町線
東池袋駅
都電荒川線

サンシャインビル周辺

地下三階の巨大空間

地下駐車場のなかは、ひんやりしていた。コンクリートの暗いグレーが一面に広がっている。天井も床も、駐車スペースを仕切る壁も、すべて暗いグレーである。はるか先の突き当たりは、ぼんやり闇に沈んでいる。この駐車場の地下三階は、しんとして物音一つ聞こえてこない。

サンシャインシティ駐車場の案内図が左にある。地下二階と地下三階とでは、かなり様子が違っているようだ。地下二階には大小さまざまの壁がびっしり並んでいるが、地下三階の中央には巨大な空白が広がっている。この空白には、車を走らせることも、止めることもできない。歩行用の通路もすぐに行き止まりである。サンシャインビルやワールドインポートマートから、このフロアーに下りてくることもできない。番号のない壁にぐるりと周りを囲まれ、この部分は駐車場のスペースから完全に遮断《しゃだん》されている。

「ここには何があるんですか」

サンシャインシティの事務所で尋ねると、

「お答えできません」

という答えが返ってきた。

東京の地下には、このような闇がある。ざっと三万平米、野球グラウンド三つ分の闇である。

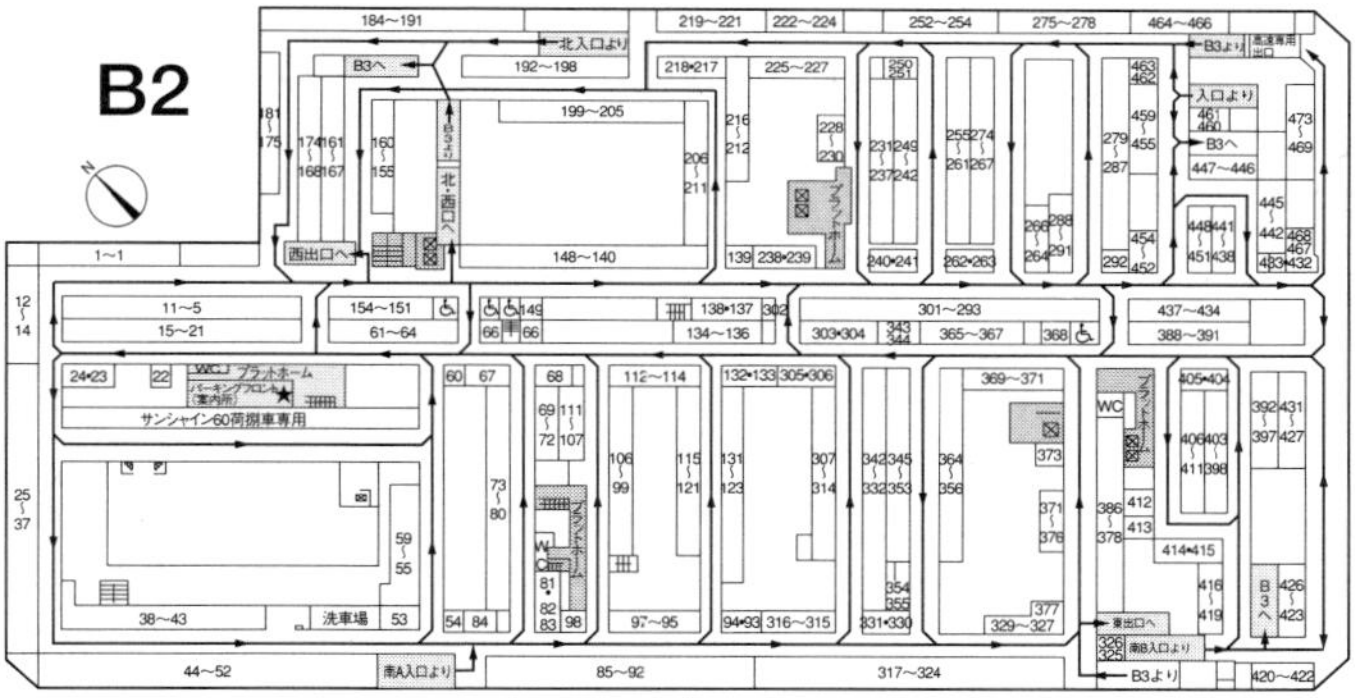

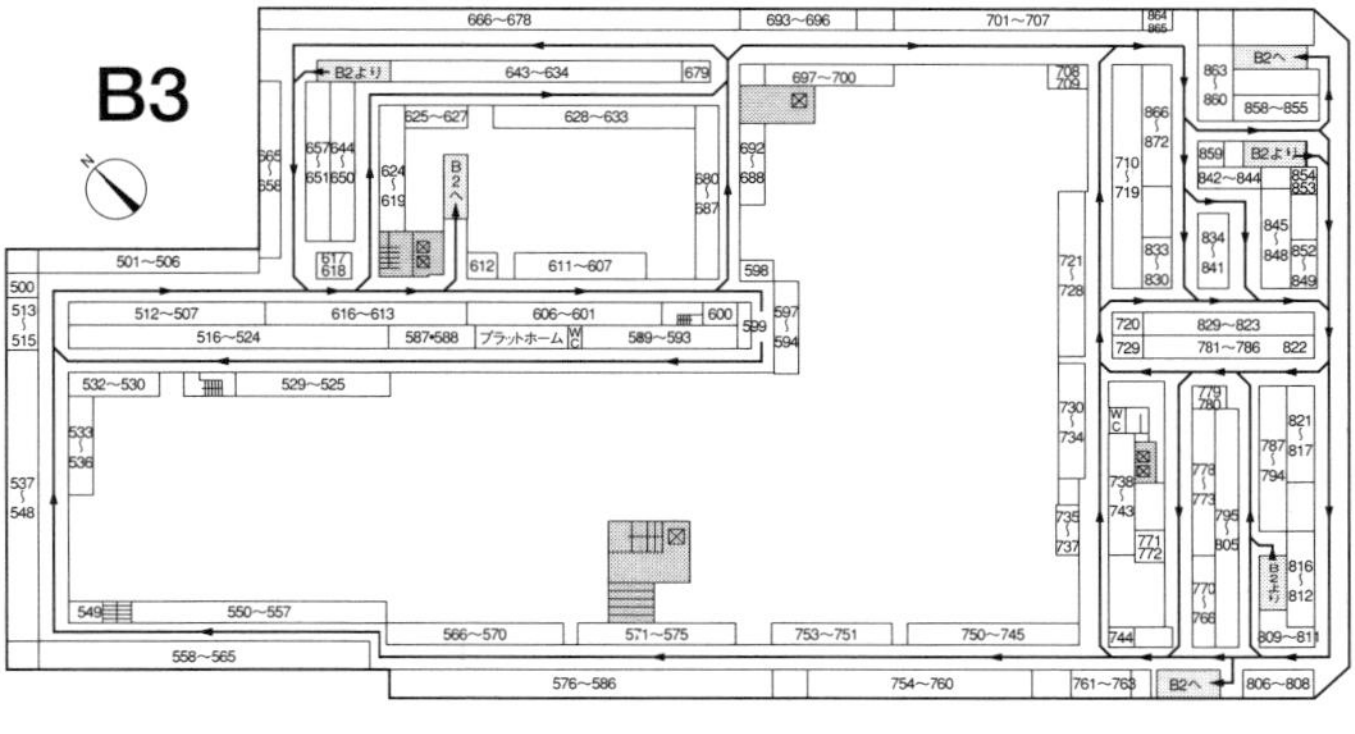

サンシャインシティ駐車場図

第二次大戦の総決算

一九七八(昭和五三)年、豊島区東池袋にサンシャインシティがオープンした。文化と娯楽《ごらく》の一大拠点、巨大なアミューズメント・センターである。その入口に建てられたサンシャインビルは六〇階建て、高さは二二六メートル。以後、このビルは一二年間にわたって日本一の高さを誇っていた。

サンシャインシティの建設には、二〇〇人を超える設計士が参加していたという。二〇〇人の総指揮をとっていたのは、早大理工学部の尾島俊雄《おじまとしお》教授である。教授は建築・都市環境工学の第一人者で、大阪万博や成田空港、新宿西口の再開発なども手がけている。サンシャインシティについて、教授は著書『東京大改造』で次のように述べている。

サンシャインシティは第二次大戦の総決算として巣鴨拘置所をなくし、一大文化センターにつくりかえるという閣議決定が昭和三三年にされ、その当時の生き残りの人達が中心となって再建運動がはじまったのである。

これはまさしくドラマだった。「皇国の興廃この一戦にあり」という感じでつくられた戦艦「大和」や「武蔵」と同じような意気込みで、池袋駅から六〇〇メートルも離れ、事実上人々が集まるための足のない場所に一大歓楽街、一大オフィス街をつくるということをやったわけである。これは戦わずして沈む戦艦「大和」の運命ではないかと最初からいわれていた。

どうだろう。そんなことははじめて聞いた、にわかには信じられない、という方が多いのではないか。しかし、当時の関係者を取材していると、次々に同じような証言が得られる。「第二次大戦の総決算」「戦艦大和」「人が集まらない場所の再開発」などである。サンシャインシティがオープンして三〇年ほど経ち、ようやく、当時の内情や真実が語られるようになったということのようだ。

それにしても、なぜ、拘置所の跡地を再開発すると、第二次大戦の総決算になるのか、なぜ、人の集まらない場所が再開発されたのか、当時の政府の異様なまでの意気込みには、どのような理由があったのかは、いまだによくわかっていない。尾島教授の『東京大改造』にも先のくだり以上の説明は見当たらず、今回、私は教授に直接、尋ねてみたが、答えを聞くことはできなかった。

「私は、告発はしません」

教授はそう言われた。

尾島教授の専門である「環境」には、電気や電話、水道などの配管、共同溝、地下通路、地下街や地下駐車場なども含まれているから、都市環境工学の第一人者は、地下に関する第一人者ということになる。

サンシャインシティの建設については、当初、教授は跡地を公園にすることを提案していたが、その後、政府に協力を要請されてまとめ役を引き受け、サンシャインシティの地下部分の設計を担当している。

「なぜ、第二次大戦の総決算なのか」「政府の異様な意気込みのウラには何があったのか」と聞かれても、その理由がサンシャインシティの地下にあれば、立場上、答えられないということもある。

サンシャインシティの場所には、かつて巣鴨監獄があった。巣鴨監獄は巣鴨刑務所と改称され、太平洋戦争直前に巣鴨拘置所となった。一九四五（昭和二〇）年、ＧＨＱ（連合国軍総司令部）に接収されてスガモプリズンに変わり、Ａ級戦犯らが収監されていた。一九四八年には東条《とうじょう》英機《ひでき》ら七人がここで処刑されている。

一九五二（昭和二七）年、わが国は主権を回復したが、スガモプリズンはその後も米軍の管理下にあり、終身刑を言い渡された戦犯らが服役《ふくえき》していた。この地が完全にわが国の手に戻ってきたのは、一九五八（昭和三三）年である。このとき服役囚全員が赦免《しやめん》され、社会に復帰した。世間は彼らを「生き残り」と呼んでいたという。

塀のなかには誰もいなかった

株式会社サンシャインシティの歴史は、一九五八（昭和三三）年にはじまっている。スガモプリズンが完全にわが国に返還され、服役囚全員が赦免された年である。尾島教授の『東京大改造』にも、生き残りの人達によって再建運動がはじまったとあった。同社のホームページ「会社の沿革」には次のようにある。

【会社の沿革】

昭和33年2月　東京拘置所の早期移転が閣議決定される

7月　首都圏整備委員会において池袋副都心構想固まる

一九五八（昭和三三）年二月、東京拘置所の早期移転を決定したのは、第一次岸信介《きしのぶすけ》内閣である。岸は東条内閣の商工相だったことから、A級戦犯としてスガモプリズンに収監されていたが、不起訴となり釈放され、その後、公職追放を経て衆議院議員に当選。一九五七（昭和三二）年、外相から総理へと上りつめていた。

岸信介

しかし、この閣議決定は、国民には知らされなかった。その理由はいまも定《さだ》かではないが、この時点では、まだ、米軍の管理下にあったということかもしれない。スガモプリズンがわが国に完全に返還されたのは、この年の五月三〇日である。

同年七月、池袋副都心構想が固まっている。これがサンシャインシティの計画である。副都心構想というのは、丸の内への一極集中を避けるため、新宿、渋谷、池袋などに副都心を建設し、人口を分散させようというものである。とくに池袋の構想は他のどこよりも早く固まっていたということである。

だが、池袋の構想はほとんど進展せず、東京拘置所もなかなか移転していない。東京拘置所が葛飾区の小菅に移ったのは、閣議決定から一三年も経った一九七一（昭和四六）年のことである。

しかし、東京拘置所の移転というのは、本来、文書上の手続きで済むような話である。小菅刑務所に対して「何月何日以降、裁判中の容疑者を拘置する」と通達するだけである。もちろん、服役囚をどこの刑務所に移すのか、部屋数を増やす必要はないかということはあるだろうが、かつての巣鴨刑務所もそのようにして東京拘置所になっている。閣議決定から一三年というのは、通常は、考えられないような話である。

そう思って調べてみると、すぐに驚くべき事実が見つかった。一九五八（昭和三三）年以降、裁判中の容疑者はすべて小菅刑務所に拘置されていたのである。小菅刑務所は、公式には一九七一（昭和四六）年に東京拘置所になったが、実質的には、その一三年も前から東京拘置所だったことになる。

その間、巣鴨の東京拘置所には、誰一人として拘置されていなかった。東京拘置所とは名ばかりで、その日誌には「拘置ゼロ、服役ゼロ」という記述が延々と続いている。スガモプリズンの周りには高い塀がそびえていたが、塀のなかには誰もいなかったということである。何とも不明朗な経緯をたどっているといわざるを得ない。

ここでサンシャインシティの地下駐車場を思い出していただきたい。通常、地下駐車場がビルの外まで広がることはないが、ここでは駐車場が各ビルにまたがり、首都高の先まで続いていた。しかも、駐車場の中央には巨大な空白が存在し、そこに何があるのかは「お答えできない」ということだった。

実は、地下建築というものは、廃棄するのが難しい。用済みとなった地下建築を土で埋めようとしても、もうその土は元の固さには戻らない。そんな軟弱な地盤には柱を立てることもできないから、結局、また、地下建築をつくるしかない。そこに巨大な地下建築があったときは、同じように巨大な地下建築をつくらなければならなくなる。

私は、巣鴨の拘置所の下には巨大な地下建築があったのだと思う。拘置所の移転が閣議決定されていたのは、地下建築の解体、処理などの費用を国家予算でまかなうためではなかったのだろうか。拘置所の獄舎を解体するなら、容疑者や服役囚はいないほうが望ましかった。いくら池袋の駅から遠かったとしても、再開発の計画地を動かすわけにもいかなかった。

戦わずして沈む戦艦大和

池袋の副都心構想は、その後ほとんど忘れ去られていたが、一九六〇年代に、再び前面に押しだされている。当時、この構想の実現に力を入れていたのは、第三次池田《いけだ》勇人《はやと》内閣の法務大臣・

賀屋興宣《かやおきのり》である。戦前、東条内閣の蔵相だった賀屋は、戦後A級戦犯として終身刑の判決を受け、スガモプリズンで服役していたが、拘置所の返還と同時に赦免され、すぐに衆議院議員に当選、政界への復帰を果たしていた。

池袋に巨大な副都心を建設するという構想は、池田内閣から佐藤栄作《さとうえいさく》内閣へと引き継がれ、ついに構想発表のときを迎えている。株式会社サンシャインシティのホームページには次のようにある。

昭和41年1月　東京都が跡地再開発の方針ならびに都市計画決定
（公共駐車場、バスターミナル、高速道路5号線ランプ）告示
10月　株式会社新都市開発センター設立

賀屋興宣

一九六六（昭和四一）年、サンシャインシティの建設は東京都の公共事業としてスタートしている。「都市計画決定」というものが再建の切り札だったが、東京都は半年も経たないうちにサジを投げたのだという。拘置所の跡地は駅から遠すぎて、人が集められないという理由だった。

佐藤栄作

田中角栄

このあたりの経緯は、当時、民間の中枢にあった方に話をうかがっている。東京都の立場からすれば、公共事業の途中でサジを投げるようなことはしない、ということになるだろうが、ここでは民間の方の説明に従って話を進めさせていただきたい。それが最も事実に近いと思えるからである。

東京都が途中でサジを投げたと知ると、政府はとてつもない豪腕をふるった。池袋副都心の建設という公共事業を、民間に任せる方針を打ち出したのである。ときの幹事長は田中角栄《たなかかくえい》だった。

公共事業を民間に任せるという手法は、実は、これがはじめてではなかった。当時、すでに建設がはじまっていた霞が関ビルは、もともとは工部大学校（いまの東大工学部）跡地の再開発という公共事業だったが、その後、民間の三井グループがこれを引き継ぎ、わが国初の高層ビルを建設することになっていた。つまり、池袋副都心を第二の霞が関にしようという方針だった。

だが、誰が再開発しても駅から遠いものは遠い。拘置所の跡地には人を集められそうにない。当初、民間側は「記念公園にしたらどうか」と逆提案し、やんわり断ったということである。

しかし、その後の政府の勢いはすさまじいものだったそうである。尾島教授も「皇国の興廃この一戦にあり」などと書いている。具体的にどのようなことがあったのかは定かでないが、ほんの二〜三ヵ月の間に、新都市開発センターが設立されている。これがいまの株式会社サンシャインシティの前身である。

この会社の設立にあたっては、上場企業上位一〇〇社が集められ、一社一億円から一億五〇〇〇万円の出資が内々に強制されていた。サンシャインシティというものが失敗するのはあまりに明らかだったことから、特定の企業に押しつけるわけにはいかず、一社あたりの損害を小さくするしかなかったのだという。

――なぜ、計画地を動かせないのか

――政府は将来、地下鉄を敷く約束もしないのか

会議は毎回のように紛糾《ふんきゅう》し、収拾がつかなかったそうである。民間資本で再開発するにもかかわらず、政府が随所で秘密の会議をしていたこともあって、日増しに反発が強まっていた。

サンシャインシティの完成想像図ができたとき、その形が戦艦大和に似ていたことから、

――サンシャインシティは戦わずして沈む戦艦大和

といわれるようになったそうである。

日が落ちてから首都高五号線を北に行くと、池袋の右手に光のかたまりが見えてくる。大和かどうかはともかくとして、たしかに戦艦に似ている。

切り札は「日本一高いビル」

一九六八（昭和四三）年、東京・霞が関にわが国初の高層ビル、三六階建ての霞が関ビルが完成した。当時、三六階という言葉には胸をふるわせる響きがあった。まるで、未来からやってきた言葉のようだった。その日からこのビルの展望台に行くことは、少年たちの悲願となった。

いま五〇代以上の人で、霞が関ビルが三六階建てだと知らない人はいない。あの頃、高層ビルというものは、それほどの衝撃で、テレビでは「37階の男」というドラマが放送されていた。

しかし、霞が関ビルはすぐに貿易センタービルに追い越された。このビルの工事中、

——鉄骨の高さが三六階を上回った

と、朝日新聞が報道している。

おそらくこの日をもって、霞が関ビルの時代は終わったということだったのだろう。現在のように高層ビルが立ち並ぶ状況からは考えられないようなニュースだが、当時、日本一高いビルというものは、それほどの国民の関心事だった。

工部大学校の跡地に建設された霞が関ビルの敷地は「都市計画」の区域に指定されていた。

わが国の建築の法律の根幹は、建築基準法である。地震国・日本が定めた建築物の基準は、欧米より厳しいといわれている。この法律の下では、当初ビルの高さは三一メートル(約一〇〇尺)が上限とされていたが、一九六〇年代に改正が重ねられ、容積率一三〇〇パーセント以下というものに変更された。一言でいえば、「一三階以上のビルを建ててはならない」ということだ。

実は、この規制はいまも何も変わっていないが、この頃、特例の条項が加えられたこと、都市計画法が公布されたことで、状況が大きく変わっている。賀屋が法相のときに地固めしたといわれている。ここは都市計画の区域だと指定されると、そのなかでは容積率のやりくりが認められる。これによって高層ビルを建てることが可能になった。サンシャインシティのケースでは、六万平米の敷地に一三階建てのビルを建てるかわりに、一角に容積率を集中し、六〇階建てのビルを建てたということである。

このような計画を建設大臣が認可すれば、もう建築基準法の力は及ばない。もちろん、耐震建築の技術がこれを後押ししていたが、一方で消防当局からは猛烈な抗議があったという。

とはいえ、都市計画というのは、本来官庁や住宅地などの配置を決めたり、どこに道路を敷くのかを決めたりするものである。都市計画法というのは、国際的には、都市計画のプランが完成、発表されるとともに公布され、そのプランにもとづいて建て替えや建て増しを規制し、二〇年、三〇年かけて、いまの町並みをプランに近づけていくための法律である。容積率のやりくりが認められるのは、歴史的な建築を保存するときに限られている。

だが、わが国の都市計画法は、それとはかなり異なるものである。建設省審議官・小澤一郎《おざわいちろう》氏は『都市居住環境の再生――首都東京のパラダイム・シフト』で次のように述べている。

この五〇年間では、たとえば東京でも地方都市でも「こういう市街地をつくろう」とか、「ここでこういう都市生活を実現しよう」ということを想定したまちづくりをしてこなかった。結局、道路、下水道、住宅等を供給する以外になかった。私がこのようなことをいうのはおかしいのだが、本当の意味の都市整備は戦後五〇年間されておらず、まだ過渡期《かとき》なのである。

また、消防庁危険物規制課長の小林恭一《こばやしきょういち》氏は、同書のなかで次のように述べている。

日本の都市計画法と建築基準法というのはものすごく甘い。それがいまの日本や東京をつくってしまったのではないか。今度また、規制緩和の方向で改正されるようだが、これには反対である。大甘の都市計画法と建築基準法、しかも、大部分の都市ではその都市計画法を既存の市街地を前提としてつくってしまった。しかも、取り締まりが十分できないという体制のなかで、日本は都市づくりを民活（民間活動）に任せてしまった。

つまり、わが国の都市計画法は既存の町並みを前提としていて、本来の都市計画とは大きく異なるものである。将来のプランというものは存在せず、現状を何も変えることなく、ある日突然ある場所を都市計画の区域と定める法律である。

このようなことをいうと、国土交通省や東京都の都市計画課から「将来のプランはある」とお叱りをいただきそうだが、その町並みはほとんど既存のままで、私はプランとは呼べないものだと思っている。これまでに都市計画、再開発の区域に指定された場所は、都電の車庫か、墓地かというところで、とくにビジョンも感じられない。

首都圏整備計画と副都心構想は、丸の内への一極集中を避け、人口を分散させることを目的としていた。人口を分散させるためには、池袋や新宿などの副都心が人を集める必要があった。だが、拘置所の跡地は駅から遠すぎて、人が集められそうもなかった。池袋の副都心構想はほとんど立ち消えていた。そのような土地に人を集めるには、「日本一高いビル」を建てるしかなかった。賀屋が地固めした法改正と都市計画法がそれを可能にした。池袋の構想が再び、立ち上がった理由はここにあった。

いま、東京にはいたる所に高層ビルが建っている。一〇階建てくらいのビルよりよほど安全だそうである。高層ビルの建設を認めることはおそらく時代の流れだったが、それだけなら高さの制限を変えるという手もあった。

だが、当時の政府は「容積率」の改正を選んだ。容積率は金に直結している。ここは一〇〇〇パーセント、ここは五〇〇パーセント、三〇〇パーセントと、道一本越えるごとに制限が変わり、しかも、どこにでも特例が認められた。選挙区の容積率を上げるべく議員が奔走《ほんそう》し、容積率が上がると同時に地価も上がった。

戦後の都市計画と再開発は、容積率を中心に回ってきた。本来の都市計画など、どこ吹く風である。再開発を行った者には一〇〇パーセント分の床が与えられるから、どこもかしこも再開発された。このさきどこまで都市計画、再開発が進んでも、既存の町並みの欠点が是正されることはないように思える。

わが国の都市計画法は高層ビル時代を到来させたが、同時に、サンシャインシティのような地下駐車場を生みだすことになった。駐車場がビルの外に広がっていようと、首都高の向こうまで続いていようと、大臣が認可したということである。しかも、こうした超法規的な建築は、地下駐車場に限られたものではなかった。

巨大な穴が工事を再開させた

一九七一（昭和四六）年、東京拘置所が小菅に移転し、二年後、サンシャインシティの建設がスタートした。はじめに、タテ二〇〇メートル、ヨコ三三〇メートルの敷地いっぱいに、深さ二〇メートルの穴が掘られている。穴のなかに国会議事堂が三つ並べられるほど巨大なものである。だが、この巨大な穴ができた時点で工事が中断されている。オイルショックとインフレで建設費が高騰し、計画の見直しを迫られたのだという。

見直しの会議も毎回のように紛糾したという。霞が関ビル、貿易センタービル、京王プラザ、三井ビル、住友ビルと、次々に高層ビルが建設されたことで、いまさら日本一高いビルを建てても、人は集まらないという意見が大勢《たいせい》を占めていた。とはいえ、その代案もなかったという。

このときまで、池袋の駅からサンシャインシティへと空中を走るシャトルがつくられる予定だったが、規模縮小に伴って削除されたのだという。残念な話である。

翌年、工事は再開されたが、そのときはまだ縮小案はできていなかったという。つまり、どこに何を建設するのかは決まっていなかったが、工事中断の間に周囲の土が穴に向かってせり出し、穴の底の土は盛り上がりはじめていた。これ以上工事を中断していると穴を掘り直す費用がかかる。こうして工事が再開されたそうである。巨大な穴が工事再開を決めたのだった。

一九七八（昭和五三）年、60階通りが敷設《ふせつ》され、サンシャインビル、専門店街、ワールドインポートマート、文化会館がオープンした。地下駐車場、バスターミナル、首都高五号線の東池袋ランプが開業している。

――六〇階建てのビル
――東京に新名所

新聞はクールにそう伝えている。週刊誌は悪口ばかりである。スガモプリズンで処刑された戦犯をまつる神社が隠されているという話もあれば、処刑された戦犯が六〇人だったことからサンシャインは六〇階になったという「サンシャイン慰霊塔説」まで出る始末だった。

知られざる地下四階

　ここには知られざる地下四階がある。私はそう確信していた。その理由の一つはサンシャインシティの建設工事にあった。一九七三（昭和四八）年、ここには深さ二〇メートルの巨大な穴が掘られていたのだという。地下二〇メートルといえば、地下四〜五階に相当する。

　しかも、サンシャインシティでは、地下駐車場は地下二〜三階ということになっているが、外のレベルと比べれば、地下一〜二階というべきものである。日の出通りなどから地下駐車場に入ると、すぐに地下二階になる。地下駐車場の下に二つのフロアーがあったとしても、決して不思議ではないと思う。

　もう一つの理由は冷暖房の施設である。サンシャインシティの冷暖房は、一つの施設によってまかなわれている。巨大ボイラーや冷凍機がつくった暖気や冷気が、全館全室に送り込まれているということである。

　実は、その施設がサンシャインシティの地下にあることは知られているが、正確な場所までは公表されていない。しかしながら、大体の見当をつけることはできる。駐車場の地下三階には、中央に大きな空白が広がっていた。周りをぐるりと壁に囲まれ、その部分は駐車場から遮断されていた。冷暖房の施設はおそらくこの空白部分にあるはずだったが、実は、冷暖房施設のボイラーや冷凍機は、通常の天井の高さには収まらない。天井を一つぶち抜いて、上下二つのフロアーを使う必要があった。

だが、空白部分の上の地下二階には、地下駐車場が広がっている。そうなると、地下三階の下にもう一つフロアーがあるとしか考えられなかった。

サンシャインシティの知られざる地下四階の存在は、ほどなく明らかなものとなった。その手がかりは、駐車場の案内図にあった。

地下駐車場の案内図が左にある。この章の一七ページで紹介した図の拡大である。地下二〜三階の同じ場所の拡大図なのだが、地下三階の階段の先だけにエレベーターのマーク「☒」がある。

通常、エレベーターのマークは、各階の同じ場所にある。地下三階にエレベーターのマークがあれば、地下二階の同じ場所にもマークがある。そのエレベーターに乗れば、地下二階にも三階にも行かれるからである。

だが、左の図では、地下三階にしかマークがない。なぜ、地下二階にはマークがないかといえば、それは、そのエレベーターが地下三階から下へ向かうためのエレベーターだからである。

B2

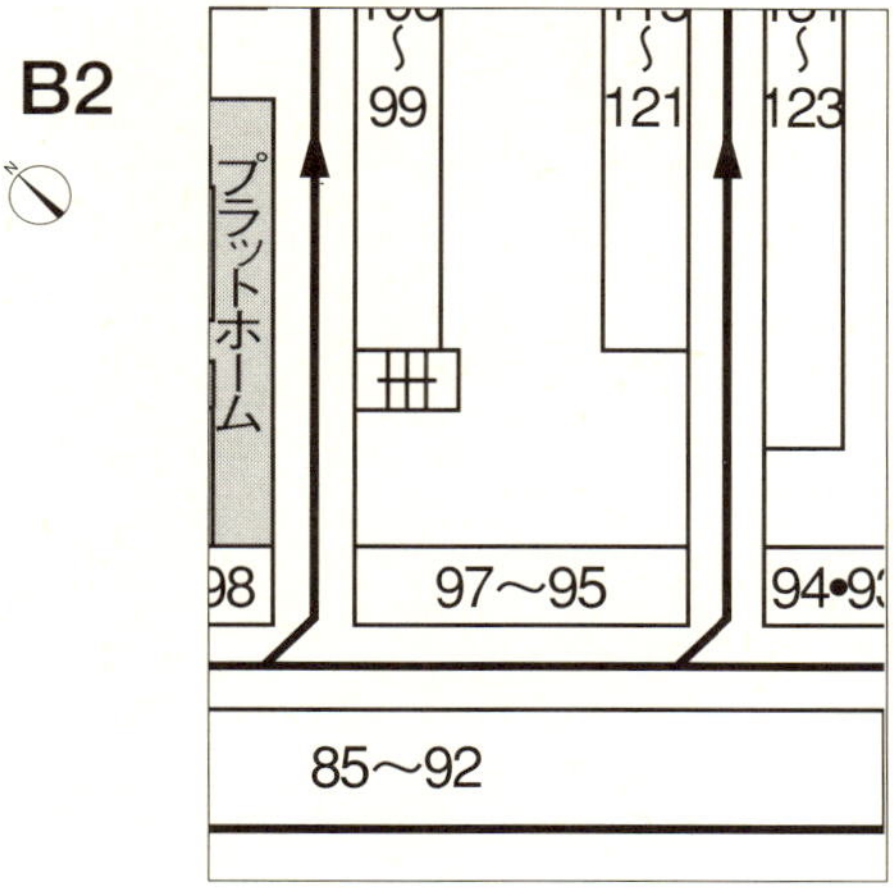

B3

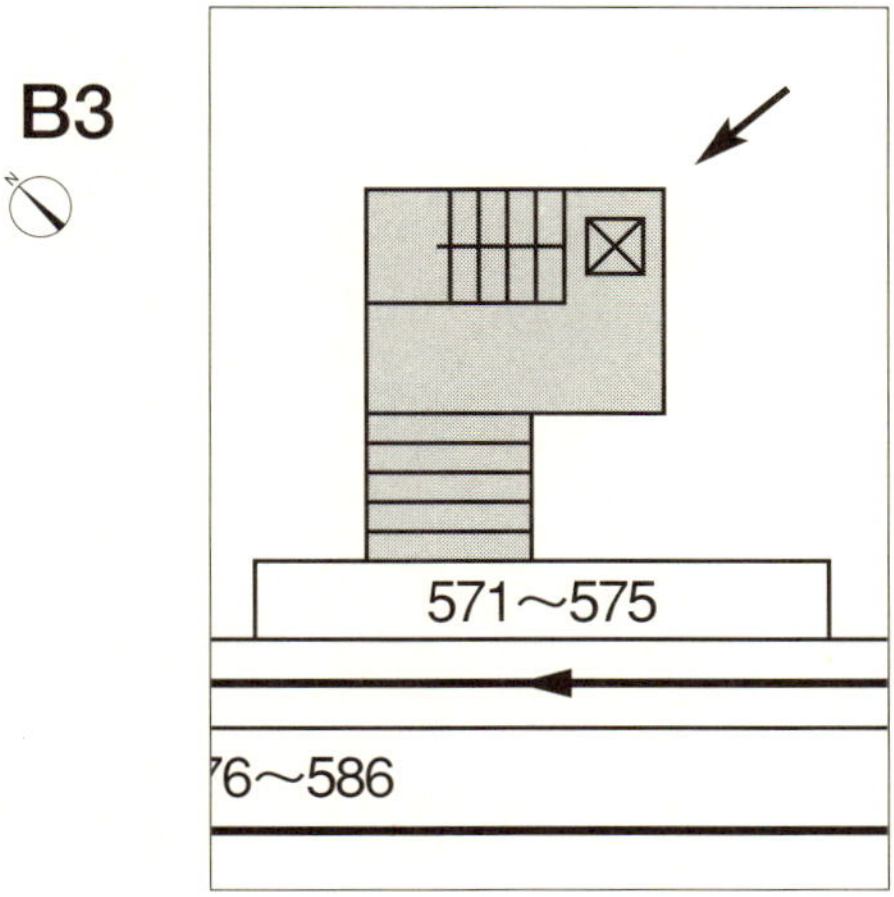

サンシャインシティ地下2～3階同位置拡大図

地下三階に車を止め、中央の空白部分の壁を回り込むと、薄暗い廊下が広がっていた。廊下の突き当たりに階段があり、階段の先に金属の光沢が浮かんでいた。

「あれだ」

言葉をのみこんで足を早め、私は金属の光沢へと向かった。薄暗い廊下に自分の足音が響き、案の定、下りのエレベーターが眼前に現れた。エレベーターの上に「Ｂ３」「Ｂ４」という二つのランプが見えた。

ボタンを押してエレベーターに乗り込み、Ｂ４のボタンを探した。ボタンに触れるとすぐに明かりが点灯し、扉が閉じた。再び扉が開いたとき、目の前に脚立が現れた。脚立の下にはビニールの傘が開いたまま置かれている。あたりは雑然としていたが、どこか恐ろしいほど無音だった。

――池袋地域冷暖房株式会社中央監視司令室

右手の壁を見て私はうなずいた。

誰かいないかと扉の向こうに声を掛けたが、何の応答もなかった。冷暖房施設の奥には「発電設備」と書かれた扉があり、すぐわきの注意書きに「東京電力」とあった。この扉にも声を掛けたが、返事はなかった。

株式会社サンシャインシティから連絡が入ったのは、それから一ヵ月が過ぎた頃である。答えられる範囲でよければ、という条件で取材を受けるということだった。すぐに文化会館の同社を訪ね、

「地下三階の中央には何がありますか」

と聞くと、総務部長氏はすぐには答えなかった。

「冷暖房施設ですか」

と言うと、

「ええ」

氏がうなずいた。本来は「お答えできません」と回答することになっているが、そう聞かれたら仕方がないということだろう。

「地下四階には変電所もありますね」

と聞くと、

「それは口外してはならないことになっています」

という答えが返ってきた。

その後の取材で、ここにある変電所は豊島変電所と呼ばれていることを知った。発電量は一〇〇万kVAに達するのだという。

だが、この変電所の存在は国民には極秘とされていて、東京電力が公表しているリストには、豊島変電所は存在しない。変電所が存在しないから、ここで働く職員もいない。維持費も計上されていない。

安全基準に不安があって伏せられているなら、それこそ由々《ゆゆ》しき問題だったが、どうやらそういうことではないらしかった。極秘の理由は変電所にあるのではなく、送電ルートや電力の供給先にあるようだった。

駐車場の案内図をさらによく見ると、地下三階にしかマークのないエレベーターがもう一つある。そのエレベーターに乗ると、サンシャインシティの知られざる地下五階へと到達する。地下五階にあったものは、驚いたことに、広大な道路である。

第二章　足元に広がる洞道

郵政省、NTTが持つ地下道

地下鉄千代田線の霞ヶ関駅は、旧海軍の防空壕を改造したものだという。防空壕と地下鉄駅の関係を示した図が左にある。一九八三（昭和五八）年、帝都高速度交通営団が発行した建設記録からの引用である。

霞が関に海軍の防空壕があったことは、その二年前、陸軍築城《ちくじょう》本部の浄法寺朝美大佐が著書『日本防空史』のなかで明らかにしていた。大佐は、皇居、赤坂離宮、大本営、陸軍参謀本部の防空壕についても、形や大きさ、防御力、建設時期などを詳しく述べている。

海軍防空壕の上に矢印がある。郵便洞道と呼ばれる地下道を指している。郵便洞道は郵便を運ぶための地下道で、高さは二メートルを少し超えるくらい。地表近くの浅いところにトンネルがつくられている。郵便洞道というものの存在は知られているが、敷設された時期やルートは公表されていない。

NTTも洞道と呼ばれる地下道を有している。洞道のなかには、各種の電話ケーブルが張られている。この地下道の高さも二メートルを少し超えるくらいで、やはり、浅いところにトンネルが敷設されている。NTT洞道というものの存在は知られているが、敷設された時期やルートは公表されていない。

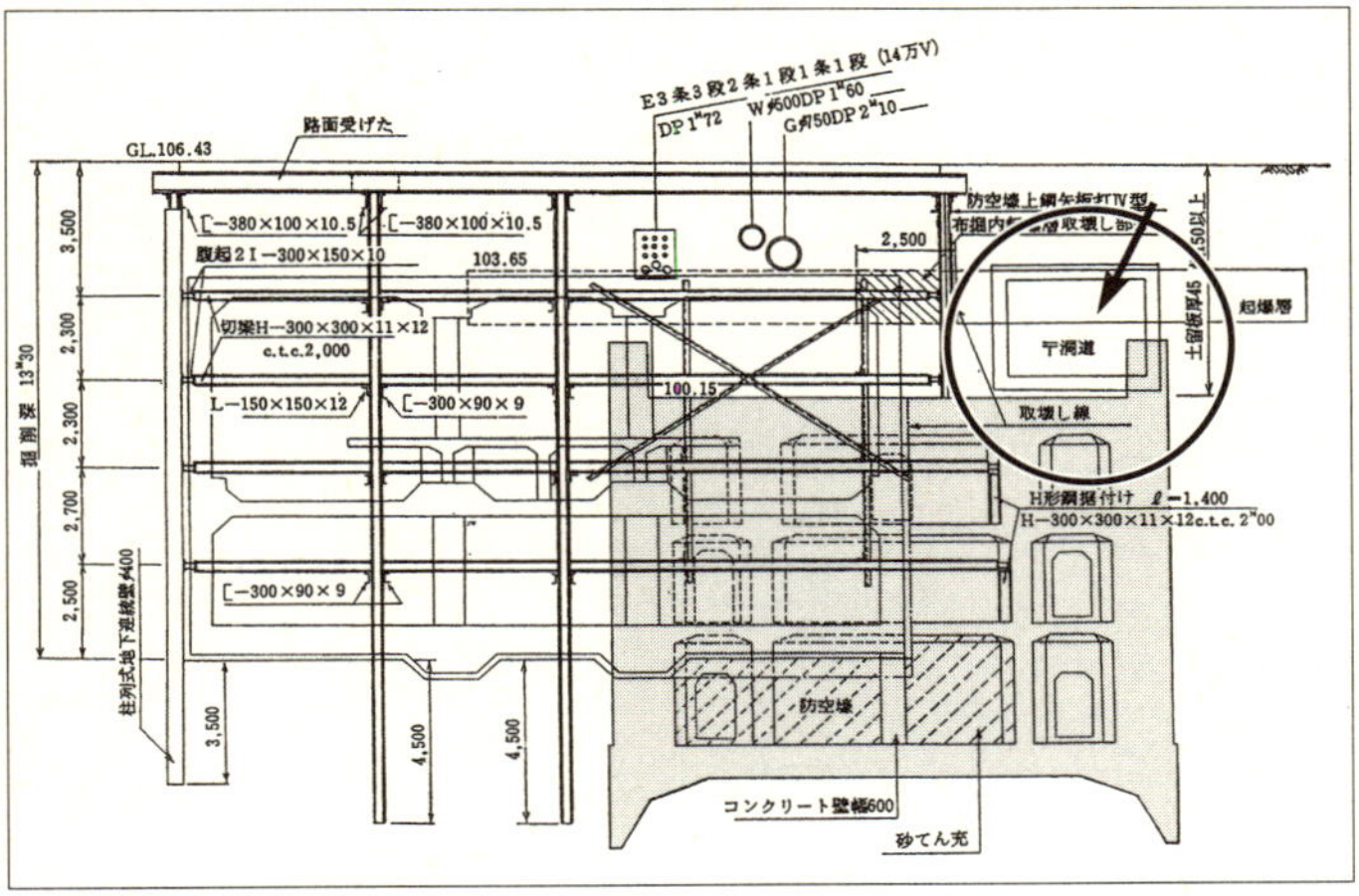

霞ヶ関駅断面図

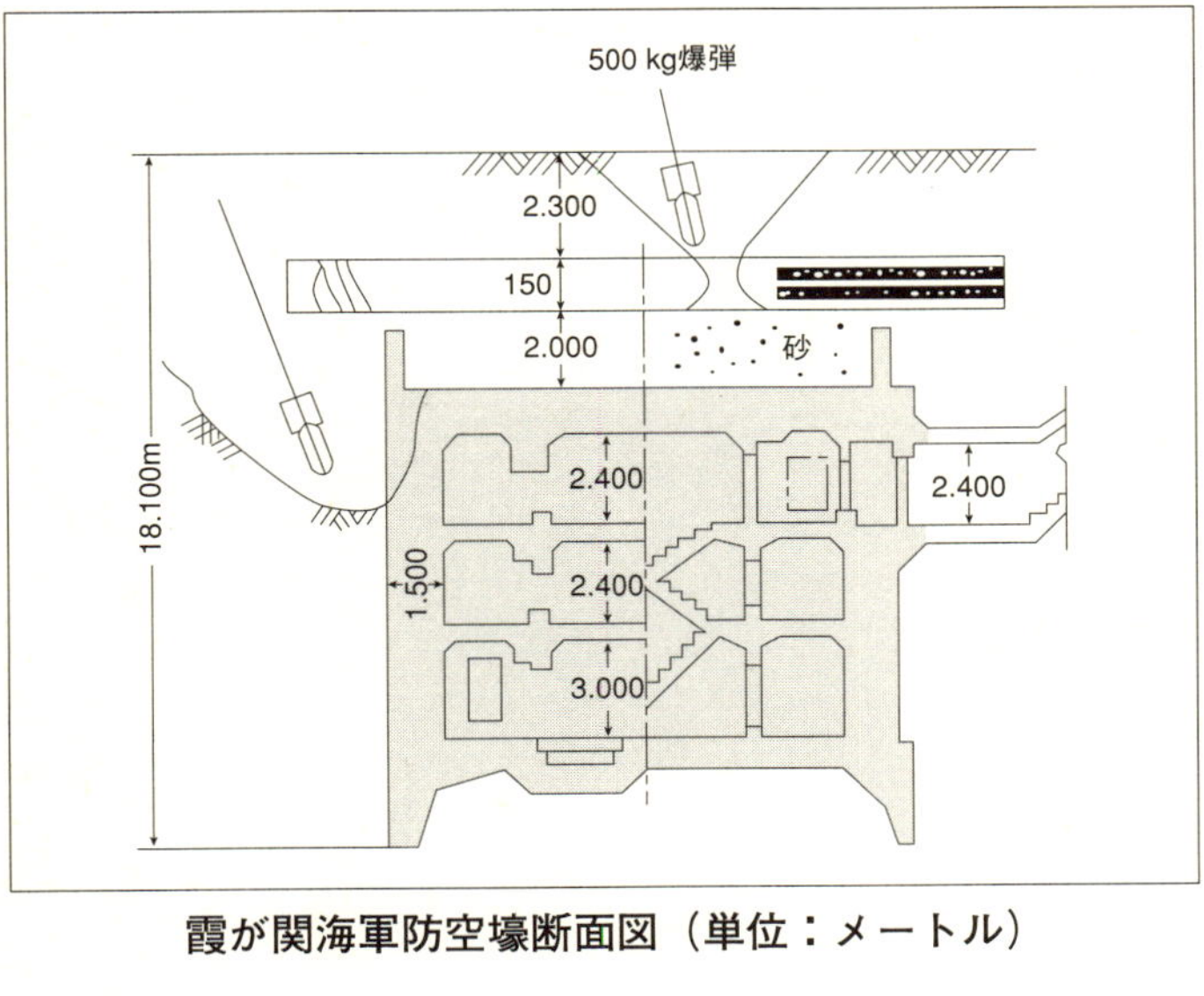

霞が関海軍防空壕断面図（単位：メートル）

新宿西口やサンシャインシティには、冷暖房の洞道がある。公園やビルの下に冷暖房の施設があり、そこでつくられた暖気や冷気は、洞道を通じて各ビルに送り込まれている。この地下道の高さも二メートルを超えるくらいで、ほとんどは地表近くの浅いところに敷設されている。やはり、ルートは公表されていない。新宿西口の洞道のイラストが左上にある。

それにしても、なぜ「洞道」なのだろう。「洞」という字は、洞窟、空洞、鍾乳《しょうにゅう》洞など、知らないうちにできていた空間を表すもので、どうもしっくりとこない。しかも、郵便、通信（NTT）、冷暖房の洞道は、なぜかそろって高さが二メートルを超えるくらいで、敷設時期もルートも公表されていないのである。

「洞道」という言葉から想像されるのは、戦前、陸軍が多くの地下道を有していて、戦後、各省庁に引き継がれたものの、そのルートは地上の道路とは無関係に延びていて、軍事上はそれが有効だったのだろうが、どこに行き着くのかわからないような地下道というところである。冷暖房の暖気や冷気を送り込むルートには、普通なら「管」という字をつけるのではないか。

実は、皇居前広場と日比谷公園の周辺には、かなりの数の洞道がある。左下の図は地下鉄千代田線の建設記録からの引用である。馬場先濠のわきに「既設《きせつ》」の洞道がある。「既設」といわれ

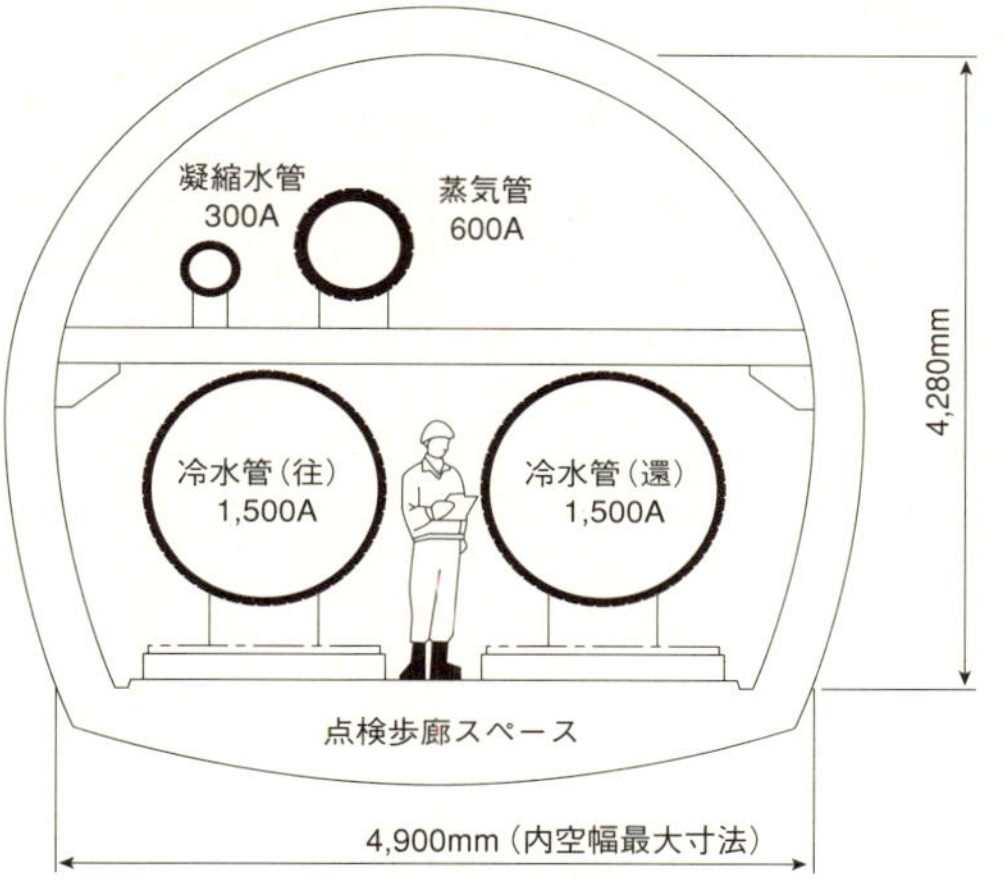

洞道内部図　冷暖房

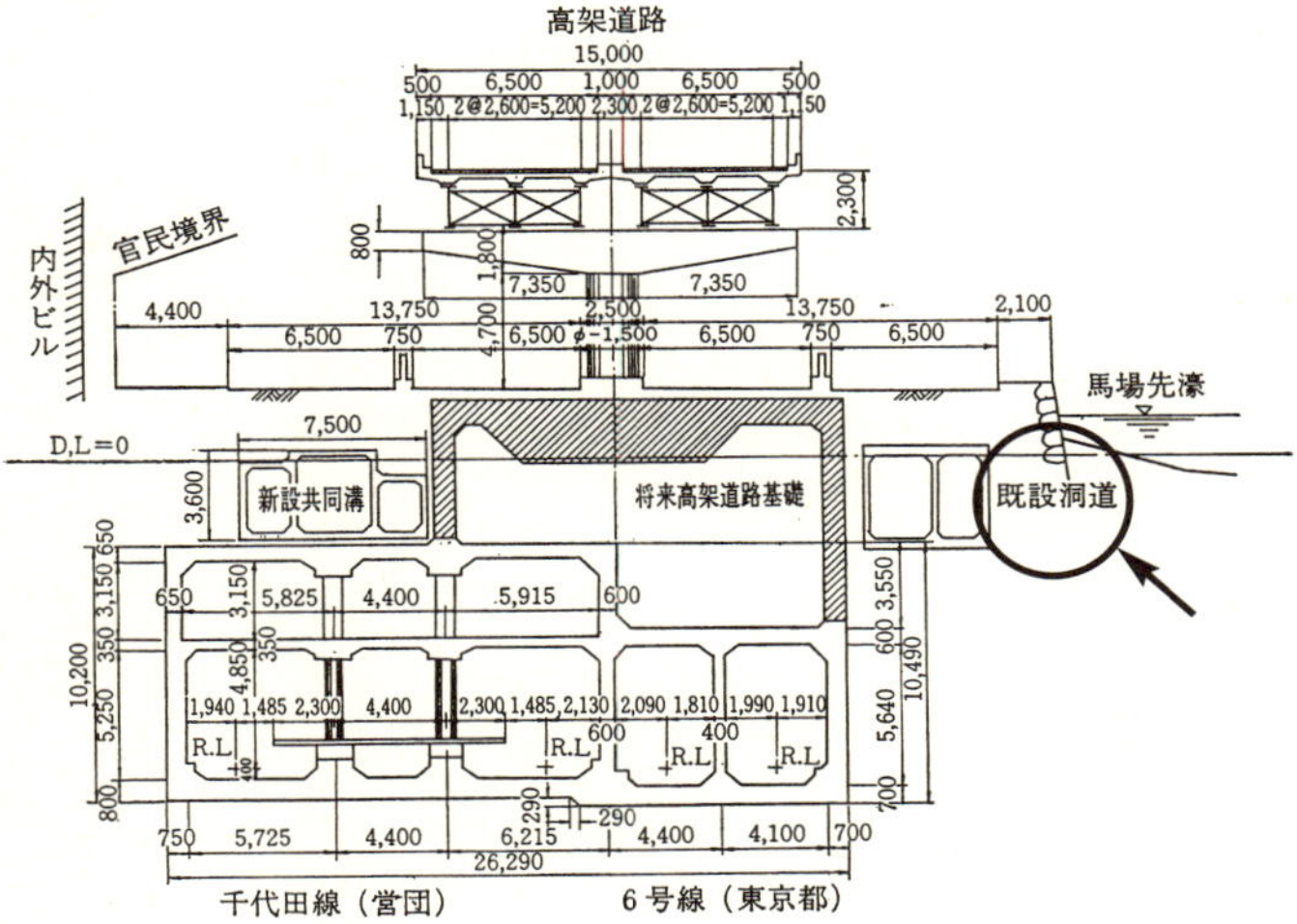

千代田線　馬場先濠断面図

ても、いつ頃のことかわからないが、戦後まもなく開通した丸ノ内線は、大手町で二度、通信の洞道の下をくぐり、洞道が沈まないよう下から支える工事をしている。東京駅の手前では郵便洞道の下をくぐり、同じような工事をしている。

以前、私はその洞道がいつ敷設されたのかと、通産省、郵政省に尋ねたことがある。どちらの場合も省内を転々とさせられた後、

「よくわからない」

という回答となった。

「四〇年も前のことですから」

と、職員の一人に言われたのを覚えている。

両当局がわからないということなので、ここで私が代わって説明する。丸ノ内線は戦後まもなく建設されているから、洞道が敷設されたのは戦前である。軍事目的の地下道で、しかも、歩行用となると、かなり時代をさかのぼらなければならない。まだ、東京の道路に都電が走っていない頃のことである。

市区改正の中身

明治時代の半《なか》ば、「市区改正」という東京市（いまの東京都）の公共事業があった。道路が敷かれ、下水が整備されるはずだったが、この事業は湯水のように金を使うだけで、道路も敷かれず、下水も整備されなかった。

東京日日新聞は「一〇年経っても未着工」と報じ、時事新報は「全然見込みなし」と大見出しで伝えている。日本建築学会は戦後になって当時を振り返り、「一〇年経っても一本の道路も敷かなかった」と断を下している。

当時、東京市の公共事業に何が起こっていたのだろうか。東京市議会の議事録から、まずは後《あと》貫朝吾郎《ぬきあさごろう》市議の発言の引用である。

――この工事は二〇〇〇万円でありまして、三分の一の補助を受けているにもかかわらず、すでに支払いする時分には、四〇〇〇万円の金を市民が払わなければならぬということになっているのであります。私ども市民といたしまして、二〇〇〇万の仕事に対する四〇〇〇万の支出ということは実に奇怪千万《きかいせんばん》に耐えないと思うのであります。

続いて、吉川忠士《よしかわただし》市議の引用である。

――ここはいずれ公園の用地にするということで、本予算で七六万しかないものが、一二款をごらんください。わずか陸軍省の地所を買うのに一四三万の金、そんなばかなことがありますか。

東京市の工事を二〇〇〇万で請け負い、四〇〇〇万も請求できるようなところは、私には陸軍しか思いつかない。市区改正の事業がはじまり、毎年予算が使われ、一〇年後に「未着工」と報道されていたのは、その間、東京市の工事はまったく行われていなかったからである。二人の市議の発言から、東京市にはこの事業の決定権もなく、予算は陸軍に流れていたと想像がつくと思う。一〇年分の予算が消えた後、「全然見込みなし」と伝えられていたのは、相手が陸軍だったからではないだろうか。

市区改正の事業は、一八八八（明治二一）年にスタートした。この事業を推し進めていたのは、明治政府の中心的人物・山県有朋《やまがたありとも》である。山県はその二年前、陸軍参謀本部長として、臨時砲台建築部を創設している。

臨時砲台建築部は、後の築城本部である。太平洋戦争開戦前、築城本部は皇居と赤坂離宮に防空壕を建設し、参謀本部の防空壕を市谷に、海軍軍令部の防空壕を霞が関に設置している。陸軍の地下建築部といったところである。

築城本部の浄法寺朝美大佐は、戦前、陸軍の地下建設を統轄《とうかつ》する立場にあった。戦後、大佐は『日本築城史』『日本防空史』を著し、明治以後の砲台建設について記している。陸軍が最初に砲台を建設したのは一八七六（明治九）年、東京湾の左右両岸、観音崎《かんのんざき》と富津《ふっつ》だったということである。

観音崎、富津周辺には、当時つくられた地下道が縦横に走っていて、いつ崩壊、崩落するかわからないため、いたる所に立入禁止の札が立てられている。

山県有朋

なぜ、砲台周辺に地下道をつくる必要があったかというと、列強の艦隊による砲撃のさなか、武器弾薬を輸送し、人員を移動させるためである。

観音崎、富津に限らず、砲台は敵軍の攻撃目標となる。そんな所に弾薬庫をつくるわけにはいかない。『日本築城史』によれば、明治初期、陸軍は砲台と弾薬庫を五〇〇メートル離して建設し、その間を地下道で結んでいたという。二点を結ぶルートは、多いにこしたことはないそうである。

明治初期から中期にかけて、大砲の性能は飛躍的に伸びていた。観音崎と富津の砲台は、射程が五〜一〇キロだったが、日清戦争時、大砲の射程距離は五〇キロを超えていた。つまり、東京湾を防衛するにしても、もはや海岸に砲台をつくる必要はなかった。市内（いまの都内）のどこからでも東京湾に砲弾が届いた。

市区改正が痛烈に批判されていた頃、実は、一本の道路が敷かれていた。池袋、大塚、護国寺付近の計画図が左上にある。「坂下通り入口」に矢印がある。

下の地図は、いまの同所付近である。この時期、唯一、敷設されていた道路は、坂下通りという。この通りは矢印の先から北へ向かい、西へと大きくカーブした後、「Ж」のマークで行き止まりとなっている。このマークはロシア語のアルファベットで、監獄を表していたようだ。

当時、ここには巣鴨監獄があった。

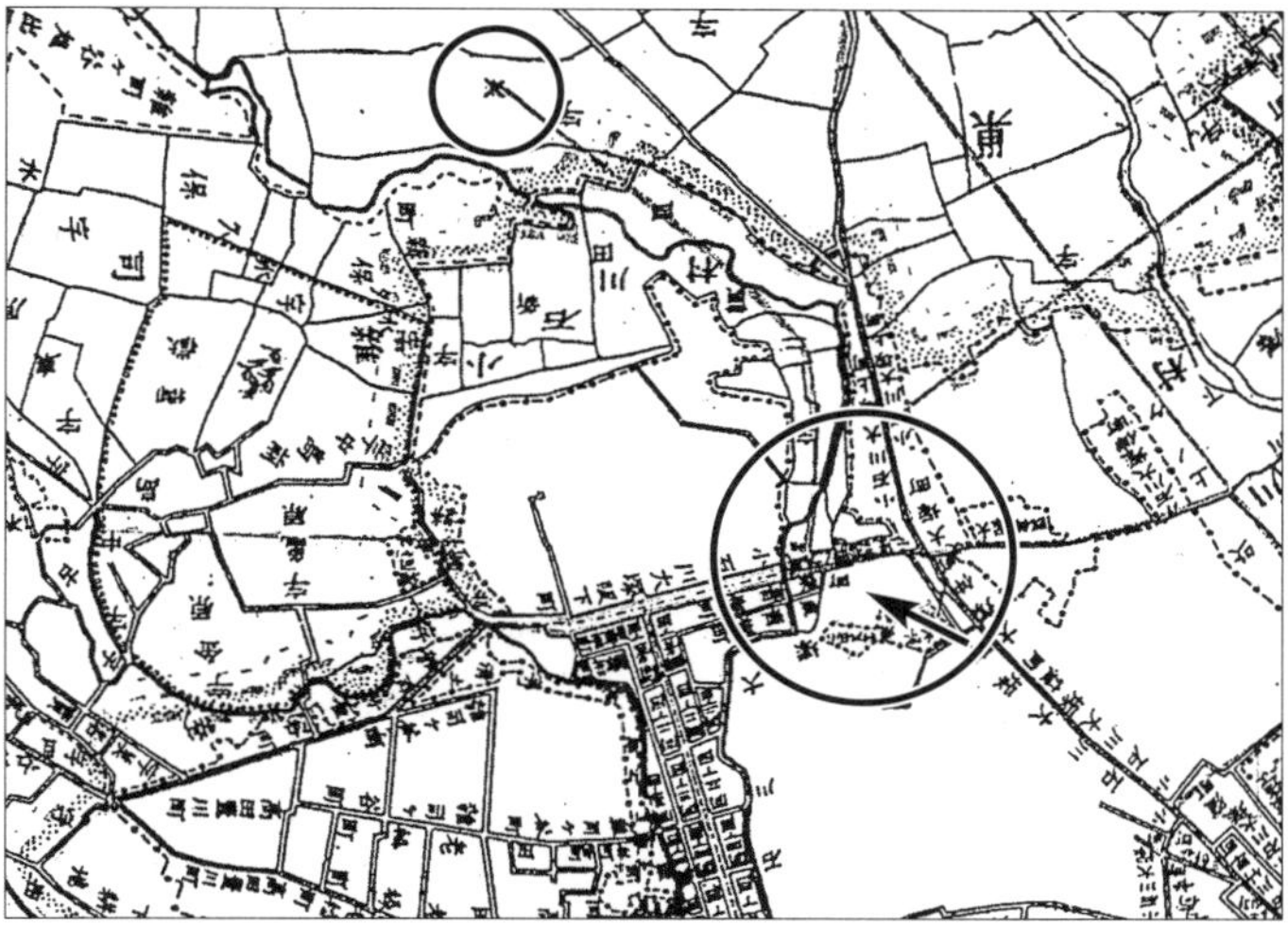

東京市区改正全図

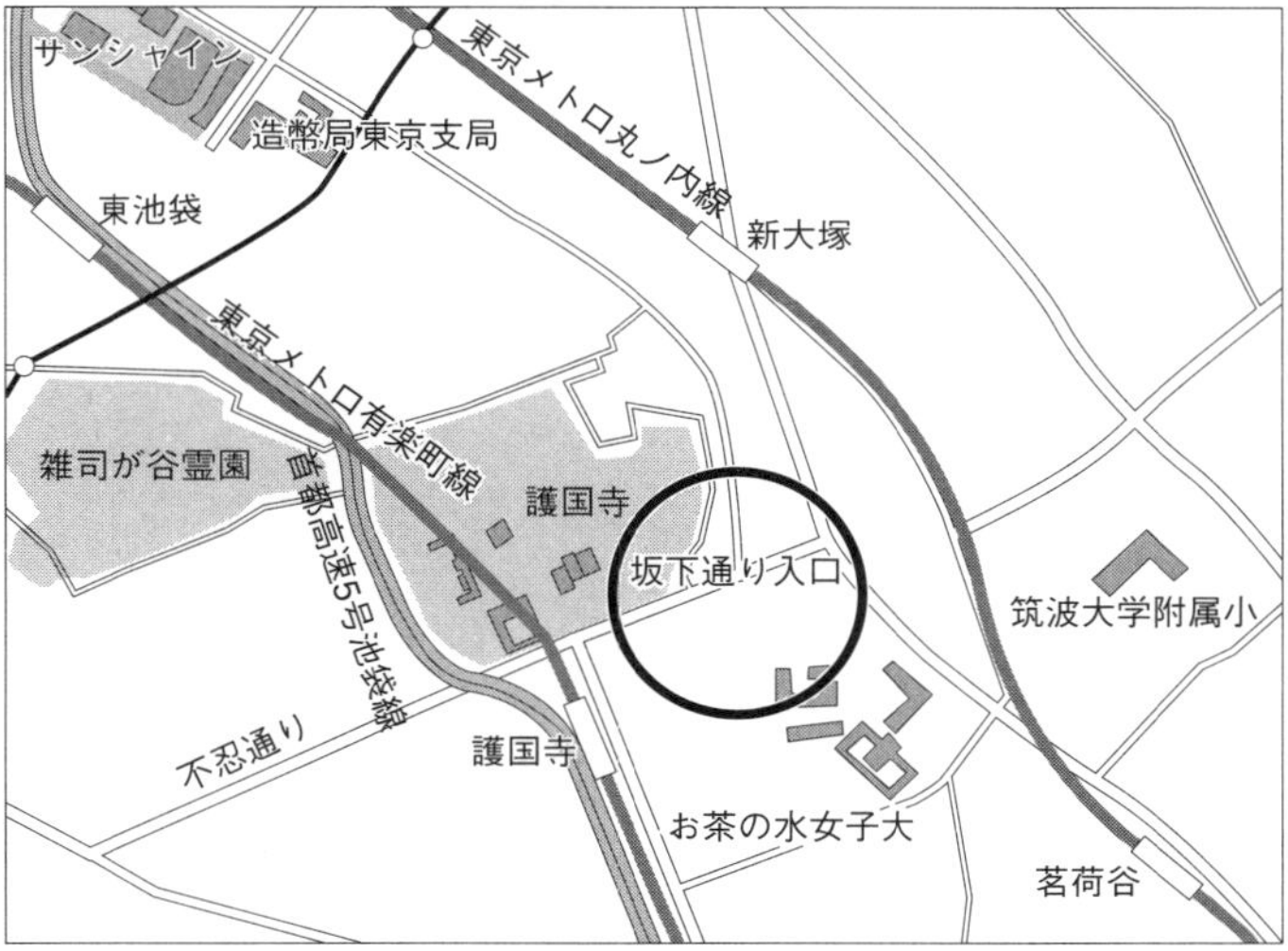

現代の同所

一九〇九（明治四二）年の地図が左にある。陸軍陸地測量部の製作である。右下の矢印の先、坂下通りが完成している。突き当たりは巣鴨監獄である。矢印の南に立ち並んでいるのは陸軍の武器庫である。

もちろん、陸地測量部の地図だけに、私は一〇〇パーセントは信用してはいない。たとえば、坂下通りの道幅が広すぎるように思える。歩道の幅を加えても、ここまで広くはないはずである。巣鴨監獄に入ったあたりも妙に立体的に描かれている。

坂下通りは巣鴨監獄への一本道である。監獄に用がない限り、まず、この道は通らない。付近の住民は、すぐ右手の春日通りを利用していた。市区改正当初、そんな道路が唯一、開放されていた。

道路が敷かれてまもなく、江戸城から吹上稲荷《ふきあげいなり》が遷座《せんざ》している。その頃まで道の両側には畑が広がっていたが、大正時代に住宅が建ちはじめ、その後、この通りは震災の大火を免《まぬが》れ、度重なる空襲でも焼けなかった。いまでも所々に戦前の面影が残っている。

実は、坂下通りには、山ほどの都市伝説がある。お化け、幽霊のたぐいはもちろん、深い穴、深い川、地の底のうなり、足下から線路音が響き、貨物の笛が聞こえてくるなど、他の場所では聞いたこともないような話が目白押《めじろお》しである。

陸軍陸地測量部製作・坂下通り周辺地図　1909年

偽装砲台と弾薬庫

坂下通り入口から北へ向かうと、すぐに吹上稲荷が左手に現れた。なぜか、歩道の中央に鳥居がそびえている。参道の先に石灯籠《いしどうろう》があり、「皇紀二千六百年記念燈」と朱色《しゅいろ》の文字が刻まれている。坂下通りに戻り、少し歩いたところで、レンガづくりの建物が目に入った。『日本築城史』のなかから抜け出してきたような建築だった。左上がその写真である。『日本築城史』には次のようにある。

4　弾薬庫

火砲の弾薬を備蓄するには、要塞には火薬本庫・火薬支庫・弾薬本庫が必要である。明治時代これらの建物は、四周の外壁を煉瓦積みとして火災に備え、内壁は木組板張り、屋根は土居瓦葺で、屋上に避雷針を立て、床は木組、揚床である。

この建物が建っている場所は、以前は歩道の中央だっただろう。その後、他の家並みがとなりまで押し寄せてきたように見える。近所の方に話をうかがうと、この建物はずっと昔からここに

レンガづくりの建物

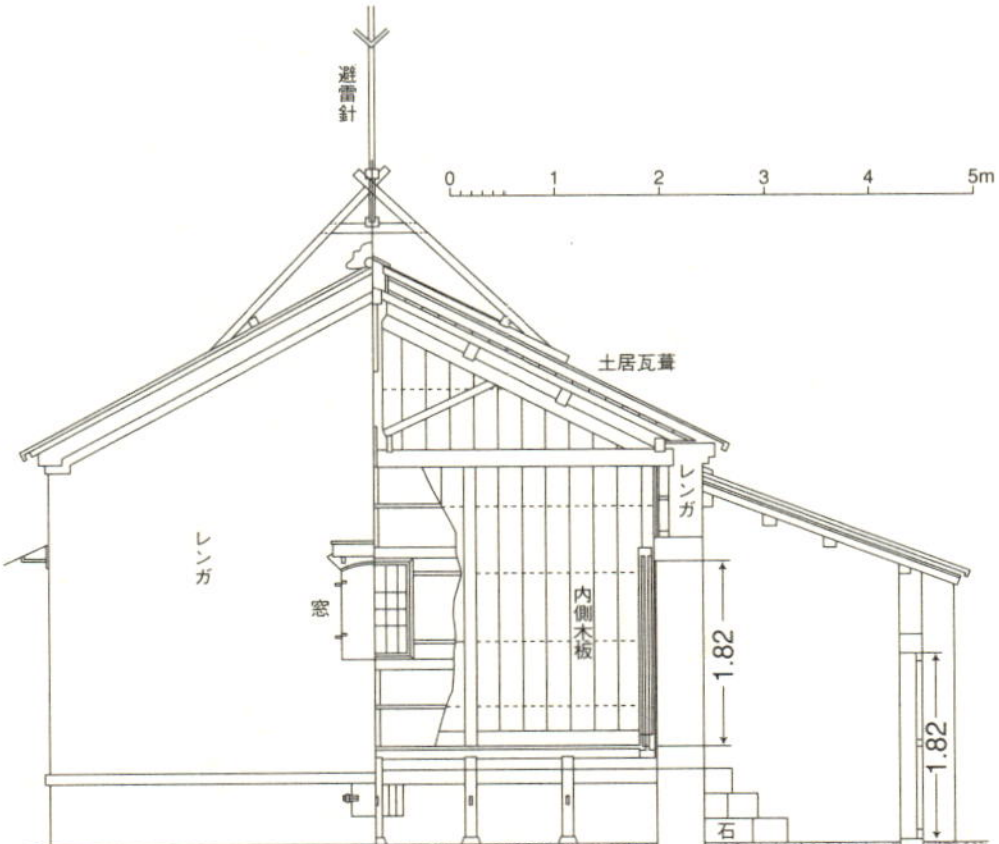

『日本築城史』の図

あるが、何の建物か、持ち主は誰か、何もわからないそうである。少し先の交番でも何もわからず、ゼンリンの住宅地図でも真っ白だった。いまどきの東京とは思えないような話である。

——これが実際に明治期の弾薬庫だったとすれば、五〇〇メートル離れた所に砲台があったのではないか

そんなことを考えながら左右を見渡したものの、『日本築城史』によれば、砲台には周到《しゆうとう》な偽《ぎ》装《そう》が施《ほどこ》されていたため、付近の住民に砲台が見つけられたことは一度もなかったとあった。明治中期に臨時砲台建築部がつくられて以来、一度もである。戦前ならともかく、いまとなっては跡形も残っていないだろう。当時、砲台はどのような偽装を施されていたのか、『日本築城史』には次のようにある。

植樹《しよくじゆ》は目標を覆《おお》い、不規則な陰影《いんえい》をつくり、地下構造物の入口を遮蔽《しやへい》し、ずり（価値のない岩石や鉱物・土砂など）や捨土《すてど》を覆い、交通路に陰影を落とし、非常に有効で、永久築城の遮蔽偽装には、先《ま》ずもって実施すべきものである。

このような植樹の後、大砲の砲身は黒松や赤松などの常緑樹《じょうりょくじゅ》に隠され、その上に偽装家屋を建てたこともあったそうである。大砲の砲身の上にどんな家が建っていたのか知らないが、砲身を回転させると、その家も一緒に回転したのだという。陸軍がそんなワケのわからないことをするから、この通りにはワケのわからない都市伝説がたくさんあるのだと思う。

開運坂の謎

坂下通りの交番を左に曲がると開運坂である。開運坂も坂下通り同様、市区改正の事業でつくられている。坂の中腹の立て札には次のようにある。

　開運坂

　坂名の由来についてはよくわからないが、運を開く吉兆を意味するめでたい名をつけたものであろう。

ということである。

開運というのは運を開くことで、当然、めでたい名には違いないが、その程度のことなら、誰でも立て札がなくてもわかる。この立て札は「何もわかりません」といっているのと変わらないのではないだろうか。本来、市区改正は東京市の事業で、東京市がこの坂をつくったことになっているが、当の東京都の立て札は「坂名の由来はよくわからないが」などと他人事《ひとごと》のようである。とはいえ、先の東京市議会の発言からもわかるとおり、実際にこの坂をつくったのは陸軍で、東京市は何もしていなかったのだろう。

そんなことを考えながら立て札の文句を書き写していると、

「このあたりのことをお調べですか」

と声を掛けられた。

振り向くと、日傘をさした女性が立っていた。坂を上ってきたところらしく、左手でオレンジ色のカートを引いている。

「ええ」

と答えると、

「木下順庵さんはこの上に住んでいたそうです」

日傘が坂の上を指した。

「そうですか」

と答えたものの、そのときは江戸の儒学者のことは何も知らなかった。文句を書き写してたし

かめていると、

「明治になってからは、××先生がそこに住んでいたそうです、柔道の。その頃、このあたりにはヒマラヤ杉が植えられましてね、一面が杉林になって、先生のお宅も林のなかになってしまったそうです」

と言われ、

「ヒマラヤ杉ですか！」

ノートを閉じて私は女性を振り返った。日傘の奥にメガネの赤いフレームが見えた。

『日本築城史』には「植樹は先ずもって実施すべきものである」とあった。砲台の偽装には黒松や赤松などの常緑樹とあったが、ヒマラヤ杉もあったかもしれない。この坂の下にはレンガづくりの弾薬庫らしき建物があった。距離は三〇〇〜四〇〇メートルだった。

「いまは北國《ほっこく》銀行の寮になってますけれど、そのあたりには戦争直前までヒマラヤ杉がありましてね、××先生はその杉林から地下道に入って、毎日、講道館まで通われていたんだそうです」

「地下道ですか！」

私は驚いて大きな声を出していた。

「そうです。おもしろい話でしょ」

女性が笑った。日傘が傾いて顔が見えた。

「講道館まで地下道で通っていたんですか」

「そうです」

「あの柔道の講道館ですか」

「ええ」

講道館がある所は、後楽園である。戦前、後楽園には陸軍の砲兵本廠《ほうへいほんしょう》（武器工場）があった。とはいえ、開運坂と後楽園は、直線距離にしても三キロ以上ある。ロクな機械もない時代に、三キロを超える地下道がつくられていた。

——ここには砲台があった

私はそう確信していた。

市区改正当初、ここには唯一の道路が敷設されていた。明治期の弾薬庫のような建物がいまも残っている。立て札に「坂名の由来はわからないが」とあったのは、この坂をつくったのが陸軍だったからだ。大砲の射程距離が伸び、開運坂から東京湾まで砲弾が届くようになっていた。

このあたりでは開運坂が最も標高が高い。東京湾のみならず、三六〇度、全方位をにらんで砲台の場所を選定すれば、はじめに開運坂があげられても不思議はなかった。陸軍が住民のために

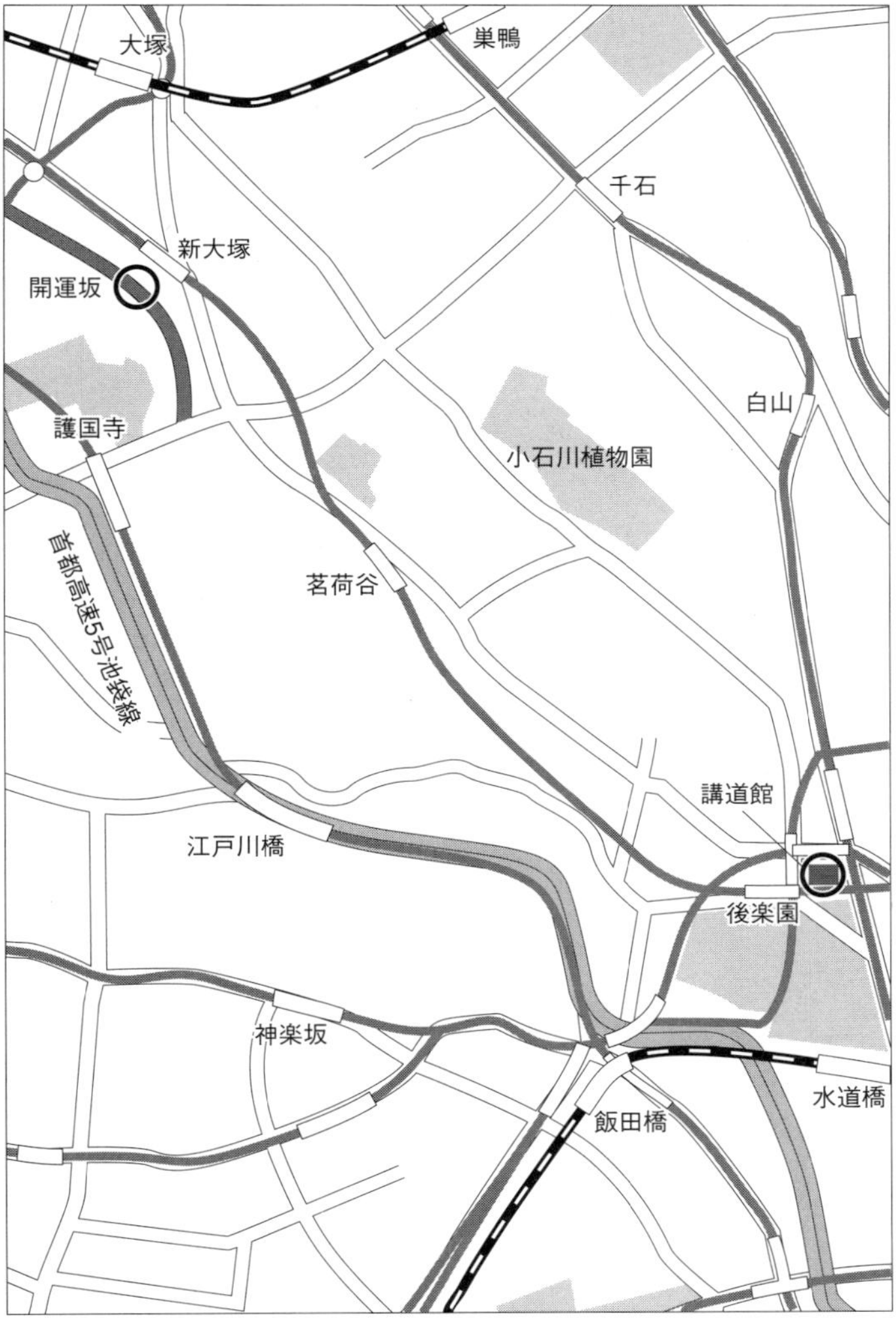
大塚
巣鴨
千石
新大塚
開運坂
白山
護国寺
小石川植物園
首都高速5号池袋線
茗荷谷
講道館
江戸川橋
後楽園
神楽坂
水道橋
飯田橋

開運坂—後楽園

坂をつくるはずがなかった。砲兵本廠のあった後楽園から何のために三キロ以上離れた所まで地下道がつくられていたかといえば、それはここに砲台があったからとしか考えられなかった。


「その杉林のなかに地下道の入口があったんですね」

「そうです」

「その入口をのぞいたことは」

「ええ」

女性がうなずいた。

「そうすると、地下道をご覧になった」

「ええ」

最近、私はこのときほど驚き、感激したことはなかった。東京の地下を調べはじめてそろそろ五年になるが、戦前の地下道を見たという人に会ったことがなかった。このような形で話が聞けるとは思ってもいなかった。

「どのくらいの大きさでした、その地下道は」

「普通ですね、人が一人か二人歩けるくらいの」

日傘を持ったまま女性が両手を広げた。それより少し広いらしかった。

「そうしますと、横幅二メートルくらいですね」

「ええ。もう少しあったかな」

「高さも二メートルくらいですか」

「そうですね。もう少し高かったかもしれません。それで、実は、その地下道は私の家にもつながっていたんですけれど、家ではそこに植木を出したり、金魚鉢を置いたりしていましてね、空襲のときに入ったことはありましたけれど、戦後はかえって物騒だということになりまして、すぐに閉めてしまいました」

品のいい笑い声が耳に響いた。

驚き、感激を通り越して、呆気にとられてしまった。東京には戦前から知られざる地下道が数多くあったはずだと思ってはいたが、植木を出すとか、金魚鉢を置くなどということは、一度も想像したことがなかった。不適切ないい方かもしれないが、事実の持つ迫力に圧倒された。

地下が機密になった日

「一〇年経っても未着工」「全然見込みなし」

東京日日新聞と時事新報は大々的にそう伝えていたが、以後、市区改正に関する報道は一歩も前に進まなかった。
一〇年経っても未着工なら、一〇年分の予算が消えたことになる。予算はどこに消えたのか、誰がその責任をとるのか、今後、着工できる見込みはあるのかなど、まだまだ取材できることはあるはずだが、最後までそのような報道はなかった。その理由は、記者の能力不足でも、真相がわからなかったからでもなく、軍機保護法という法律によるものではないだろうか。
一八八八（明治二一）年、市区改正条例が公布された。軍機保護法は一八九九年に公布された。国家の機密、軍の機密を口外したり、公《おおやけ》にした者は、国家に反逆したものとみなし、重罪に処するというものである。しかも、この法律は軍関係者のみならず、民間人にも適用されることになっていた。
「未着工」「見込みなし」という報道は、そこまでなら国家の機密を暴露していないが、
――東京市の予算は、陸軍に流れていた
――道路を敷設するかわりに、砲台や地下道がつくられていた
となると、軍機保護法に触れると解釈されていたのではないだろうか。もともと、陸軍参謀本

部長・山県有朋は、この時期になって急に軍の規律を立て直そうとしていたとは思えない。軍機保護法が公布されたのは、明治中期にはじまった市区改正の真相を伏せておくためだったと考えるのが妥当《だとう》ではないだろうか。おそらくこの日から、東京の地下は「機密」になったのだと思う。

一八八二（明治一五）年、陸地測量部が発足し、以後、陸軍以外の地図製作は禁じられていたが、実は、このとき地図に関する法律や条例が施行されたわけではなかった。地図、地形情報は「機密」に属すという解釈の下、軍機保護法によって禁じられていたのだろう。おそらく軍機保護法は地下に関する報道をシャットアウトすることと、陸軍以外の地図製作を禁じることを主眼として公布されたが、その後、わが国が戦争に突入した際、さらに拡大解釈されたのだと思う。

メディアが戦況を報道すれば、敵軍にもそれが伝わる以上、軍事的には「わが軍には被害はなかった、損害は軽微である」とするのがベストだったのではないだろうか。どこそこの部隊が大きな被害を受けたと報道されれば、それは敵に弱点を教えることになる。どの戦線で戦闘機が全滅したと伝えられれば、翌日、爆撃機が編隊を組んでそこに向かってこないとも限らない。

こうして真実を報道することは軍機に触れると解釈され、戦前のジャーナリズムは「大本営発表」の垂れ流しに陥ったのではないか。それにしても、軍機保護法が生きていた戦前ならともかく、いまの政府までが戦前同様、地下を機密としているのはどんなものだろう。

東池袋の地下施設

地図を意図的に改変することを改描《かいびょう》という。その大半は地図上の文字や記号を暗号化し、地下の情報を書き入れるもので、敵国に情報を与えないことを主眼としていた。二〇世紀の初頭、世界の主要国は改描の腕を競っていたといわれ、旧東側諸国や中東、東南アジアでは、いまでも改描が行われている。

市区改正、軍機保護法の公布、陸軍陸地測量部の発足は明治中期だった。陸地測量部の使命は、地図の改描と敵国の改描を見破ることだったはずだが、終戦後、参謀本部が地図の焼却を通達し、陸地測量部の地図はほとんどが灰と化している。

一九三七（昭和一二）年の地図が左上にある。陸地測量部が製作した地図の復刻版である。巣鴨刑務所の敷地の左下隅に、鉄筋コンクリートの新獄舎《ごくしゃ》群が完成している。サンシャインシティの地下駐車場の形に似ている。坂下通りから延びてきた道路がその右肩に至り、ロータリーのようなものが描かれている。

下の地図は戦後の一九四五（昭和二〇）年、地理調査所の製作である。坂下通りから延びていた道路もなければ、ロータリーのようなものもない。巣鴨刑務所の地上の地図としては、私は、下の地図のほうが正確だと思う。

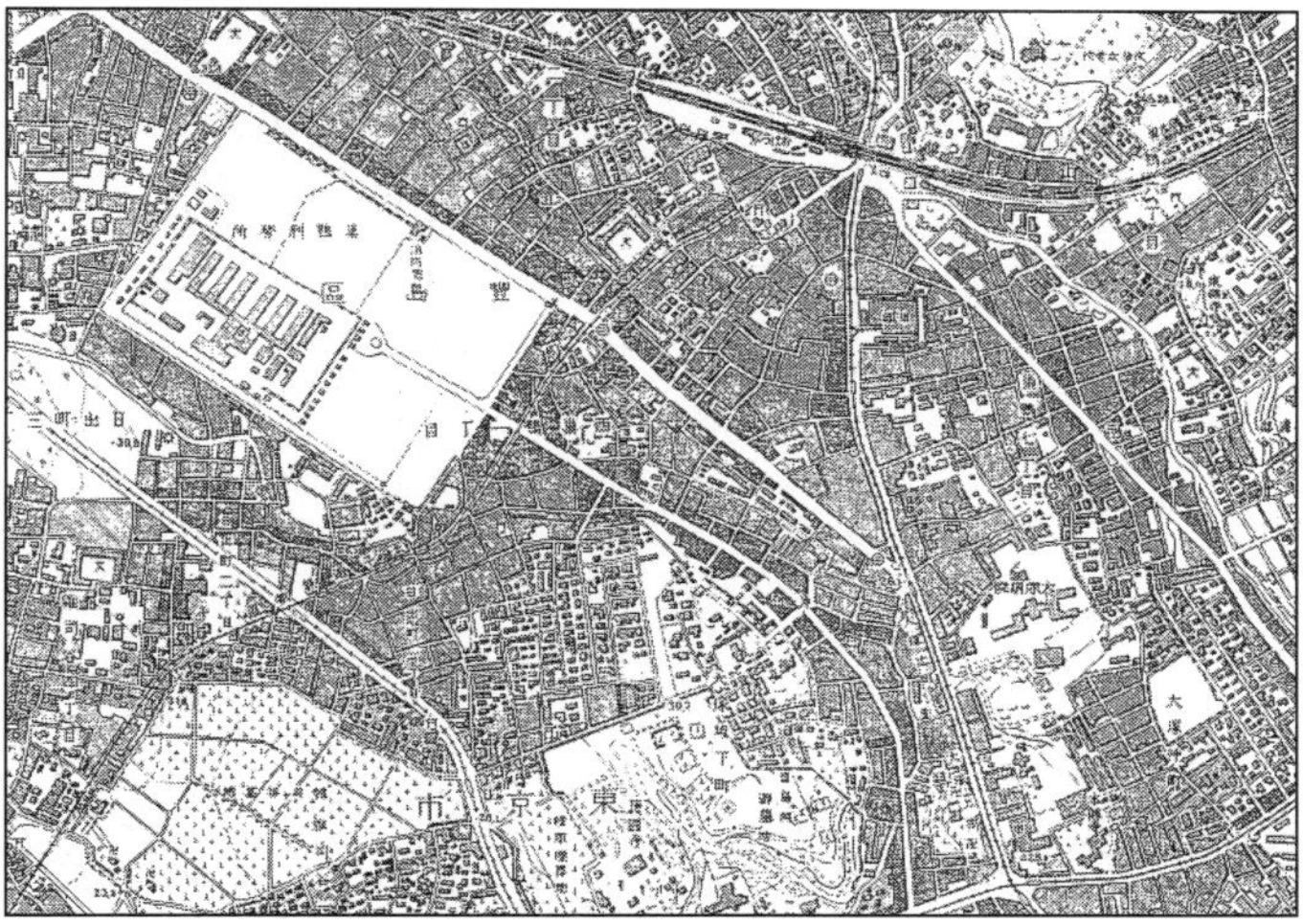

東池袋地図　1937年

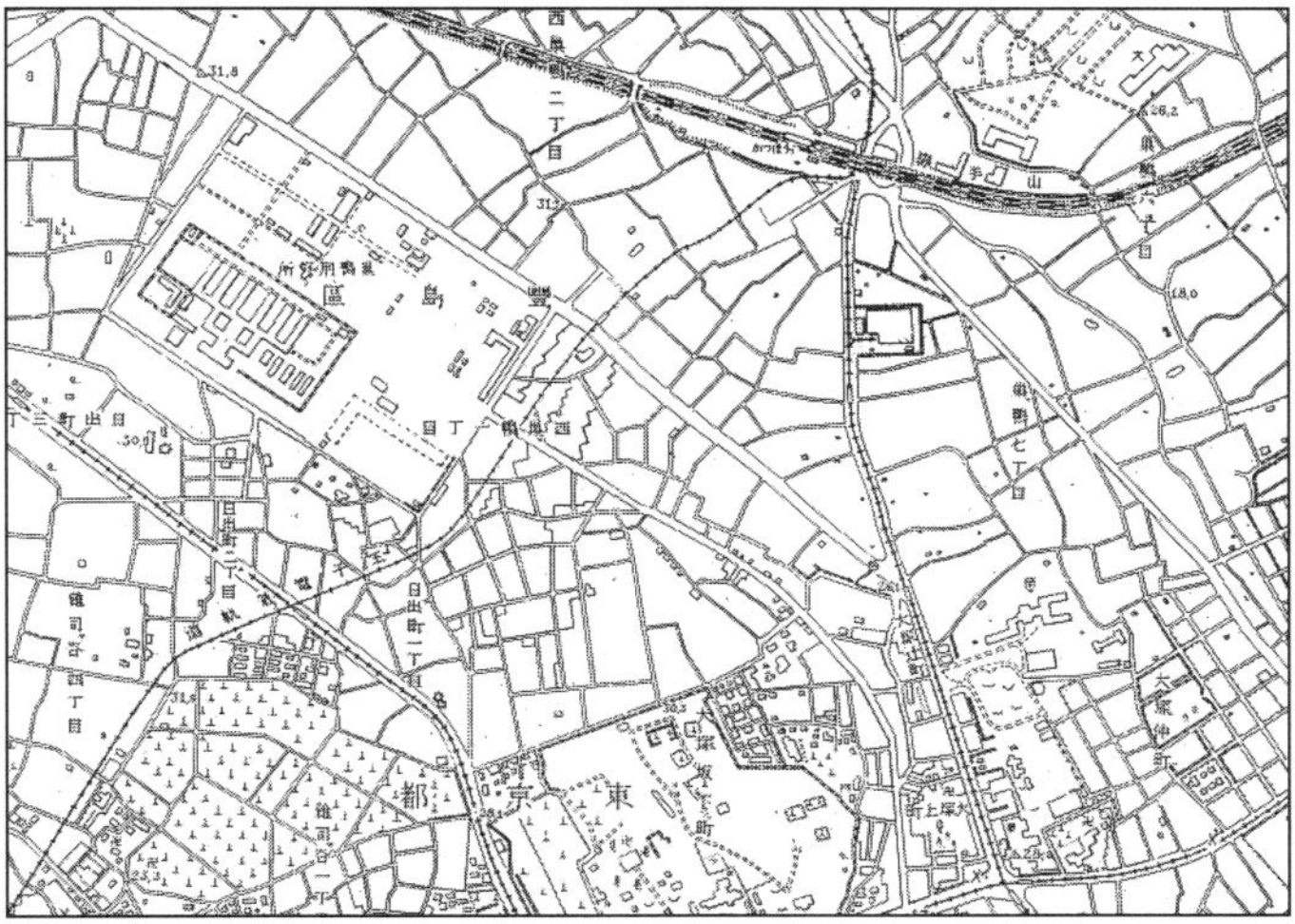

東池袋地図　1945年

次の地図は一九五七（昭和三二）年、国土地理院の製作である。地下鉄丸ノ内線が開通している。当時、丸ノ内線は東京拘置所の敷地をななめに横断していた。池袋の駅から東京拘置所までの間も、市街地をななめに横切っている。

下の地図は現代の同所付近、昭文社の地図から製作されたものである。池袋の駅からサンシャインシティまで、この地図では、丸ノ内線は道路の下を走っている。上下の地図のどちらが正しいかは、実際に地面を掘らない限りわからないことだろうが、私は、上の地図のほうが正しいと思っている。

では、ここで東池袋周辺の地下の闇を提示したいと思う。はじめに取り上げるのは、東池袋中央公園である。

東京拘置所跡地の再開発は、事実上、人の集まる足のない場所の再開発だといわれていた。それが唯一にして最大のネックであり、池袋の駅からサンシャインシティへと、空中を走るシャトルまで計画されていた。

だが、地下鉄丸ノ内線がサンシャインシティをかすめている。東池袋中央公園の角である。この公園の角に丸ノ内線の新駅をつくれば、それだけでネックは解消する。にもかかわらず、なぜ新駅をつくることができなかったのだろうか。これが闇の一である。

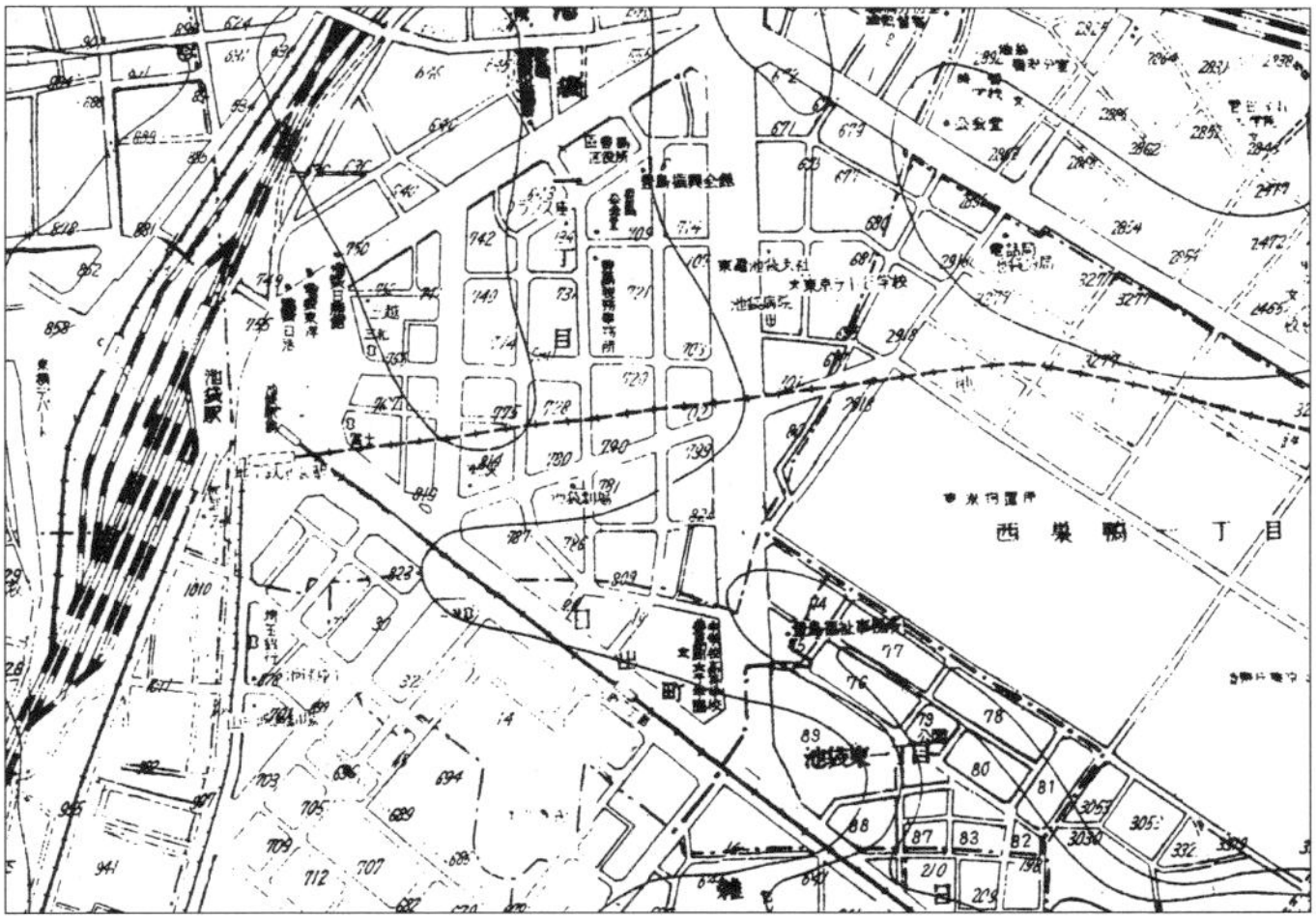

東池袋地図　1957年

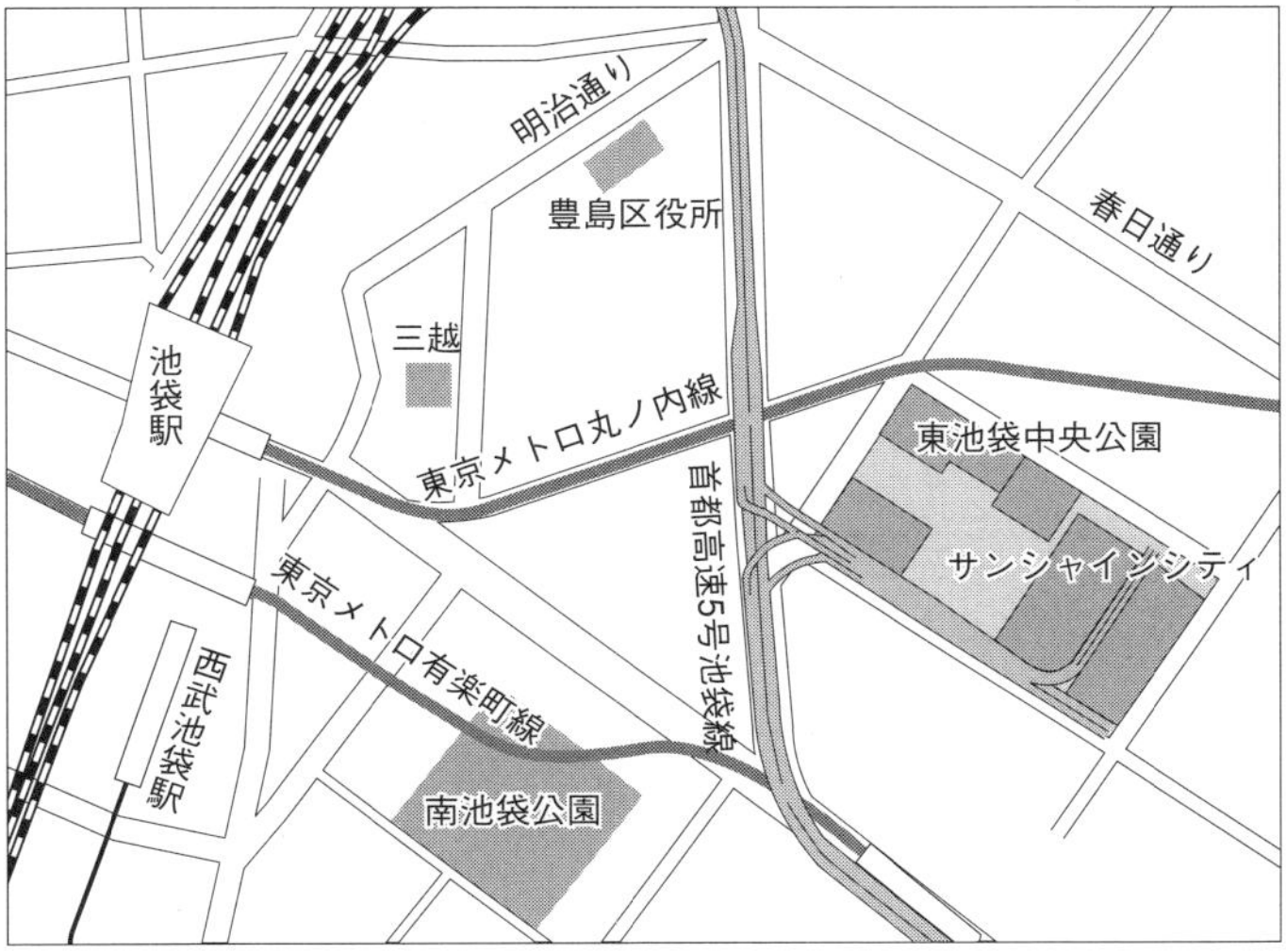

現在の東池袋地図

闇の二は、豊島区役所である。

——サンシャインシティの冷暖房施設は、周囲の公共機関にも冷暖房を供給している

建築の専門書にそうあった。

だが、サンシャインシティの周りの機関は一つも該当せず、調査の範囲を広げた結果、それは豊島区役所のことだとわかった。五〇〇メートルも離れた所は、普通は「周囲」とはいわないものだが、区役所に気をつかっていたのかもしれない。この事実はごく限られた人にしか知られていなかったからである。

豊島区役所が冷暖房の供給を受けているということは、サンシャインシティから洞道が通じているということである。しかし、直径二メートルのトンネルを五〇〇メートルにわたって設置すれば、工事費が一〇億円以下では収まらない。

サンシャインシティがオープンした一九七八（昭和五三）年、区役所には冷暖房があったはずである。にもかかわらず、そんな巨額の工事を決行したのだろうか。それとも、その洞道は以前から通じていたのだろうか。これが闇の二である。

実は、闇の一と二は、同じ所から派生しているのではないか。ここからは私の仮説である。

サンシャインシティがオープンするまで、そこには東京拘置所があった。東京拘置所という公共施設と、豊島区役所との間には、おそらく戦前から地下道が通じていた。拘置所が小菅に移転したことで、その地下道は無用のものとなったが、地下道は廃棄するのが難しい。埋め戻しても元の固さには戻らず、放置しておけば、いつ、崩落しないとも限らない。その結果、地下道を内側から補強して使用することとなった。区役所がサンシャインシティから冷暖房の供給を受けるということである。

サンシャインシティと豊島区役所の位置関係からすれば、その地下道（洞道）は、東池袋中央公園の角を通過していると考えられる。この公園の角を通らない限り、大きく遠回りしなくてはならないからである。おそらくその地下道は、坂下通りをそのまま真っすぐ延長したものではなかったのだろうか。

その地下道は、私は、市区改正の頃につくられたものだと思う。かつて陸軍の火薬工場があった板橋まで通じているだろうと思っている。つまり、火薬工場、豊島区役所、東京拘置所、開運坂、後楽園の砲兵本廠を結んでいた地下道ということである。関東大震災後の帝都復興の事業で、この地下道はさらに拡張され、線路が敷かれていたのではないか。

戦後、地下鉄丸ノ内線が建設された。丸ノ内線は東池袋中央公園の角でこの洞道の下をくぐり、おそらく下から支える工事をしている。サンシャインシティ建設時、政府がこの洞道を手放さず、専用ルートとして確保したため、丸ノ内線のトンネルの上に新駅をつくることができなかったのではないのか。東池袋の地下の闇である。

第三章　現代の極秘地下建設

地下道掘削技術の確立

ロンドンに地下鉄が開通したのは一八六三年。まだ、電車というものがなかった時代のことで、世界初の地下鉄はつまり、蒸気機関車だった。地下に蒸気機関車を走らせれば、煙の害があることはわかっていたが、地上の道路は人をはじめ、馬車や自転車で混雑し、限界に達していたのだという。数年の後、モグラのように地下を掘り進んでいくシールド工法が実用化され、ロンドンの地下鉄はテムズ河をくぐり抜けている。

一八九〇年、電車が蒸気機関車に取って代わった。地下鉄はようやく煙の害から解放されている。だが、当時の電車はパワー不足で、車両一両を走らせるのがやっとだった。時速もせいぜい三〇キロ程度である。後の路面電車、都電のような車両が地下を走っていたということである。一八九六年、ハンガリーのブダペストにも地下鉄が開通している。一八九六年にはイギリスのグラスゴー、九七年にはアメリカのボストンが続いている。

一九〇〇年、パリ。一九〇二年、ベルリン。一九〇四年、ニューヨーク。この時期、世界の主要都市の地下には電車が走っていた。

当時、アメリカ最大の都市はシカゴだったが、シカゴには一九四一年まで地下鉄は敷設されていないとされていた。

しかし、それは表向きの話に過ぎなかった。アメリカ政府は戦後、シカゴには一八九二年に地下鉄網が完成していたと発表している。シカゴの地下鉄網はニューヨークをはるかに凌《しの》ぐものだったが、五〇年もの間、一般の市民には極秘にされていたということである。


この極秘地下鉄は、政府関係者、市の職員、地元の政治家と有力者のための地下鉄だった。市の庁舎や警察署、政治家や有力者の屋敷の下に、地下鉄の駅がつくられていたという。何千、何万という数の公務員がこの地下鉄を使っていたが、その秘密は固く守られていたそうである。

アメリカ政府はこの地下鉄を撮影した一六ミリフィルムを公開している。一両編成の電車に一〇人ほどの有力者や公務員が乗っているものである。画質は決してよくないが、乗客の顔や体つきはほっきりとわかる。白いシャツの太った男はいかにも不機嫌そうにガムをかんでいた。

当時、アメリカ政府はニューヨークのブロードウエイにも、極秘の地下鉄を敷設していたことを明らかにしている。地上に路面電車の線路を敷くと同時に、地下にトンネルをつくっていたそうである。その工事は初歩的なシールド技術だったが、市民にはまったく気づかれなかったそうである。

伊藤栄樹

極秘地下鉄計画

東京にも極秘の地下鉄計画があった。一九七一（昭和四六）年、佐藤内閣の時代である。当時、ミスター検察と呼ばれていた伊藤栄樹《いとうしげき》が、朝日新聞にその全容を語っている。記事には次のようにある。

伊藤がこの夜残っていたのは、沖縄返還協定批准《ひじゅん》反対に向けてのデモ対策ではなかった。ごく少数の担当者を除いては何も知らされないまま、地下鉄をめぐる一つの計画が、極秘のうちに検討されていた。地下鉄護送ルートの建設である。東京拘置所と東京地検を地下鉄で結び、護送のための特別急行電車を走らせようというものだった。それも、引き込み線を延ばし、地下駅を新設する、という大胆な計画だった。

この頃、地下鉄千代田線が建設されていた。千代田線は佐藤内閣によって最優先路線に指定され、南北線、有楽町線を抜いて敷設された。一九六九（昭和四四）年、北千住―大手町間が開通した後、営団地下鉄は二方向へ工事を進めている。北千住から東京拘置所のある小菅へ、大手町から東京地検のある霞が関へ、という二方向である。記事の続きである。

護送電車の青写真ができると、まず、営団側に実行が可能かどうか打診した。国が工事費を負担、車両を買い上げるなら可能という回答だった。やがて列島改造ブームに乗って大盤《おおばん》振《ぶ》る舞《ま》いの予算が組まれるようになった。金の心配はまずなかった。計画は着々と進み、地検、拘置所の地下への引き込み線を利用して、朝、夕二回、千代田線に護送のためのノンストップの特別急行電車を走らせることまで決まった。

ミスター検察・伊藤が語った話だけに、ウソ偽りはないはずである。この時期、わが国の政府も国民には極秘の地下鉄を計画していた。しかも、伊藤のエピソードはリアリティーにあふれている。

——国が工事費を負担、車両を買い上げるなら可能

——朝、夕二回

——ノンストップの特別急行

営団の回答もリアルなら、朝夕二回、ノンストップというのも具体的である。このような話は、単なるアイデアだけで終わったような場合は出てこない。この計画は実現に向けて着々と進んでいたということである。さらに続きである。

だが、思わぬ障害が地検の足もとにあった。ここは、その昔、いわゆる日比谷入江であった。地盤は砂ばかりで、昭和三四年に地検庁舎を建設するときもふんだんにパイルが打ち込まれた。地下駅を設けるには、この鋼鉄のパイルの林を突き抜けなければならない。予算があるとはいえ、建てたばかりの庁舎をつぶすことは出来ない。計画は実施直前になって挫折した。

こうして法務省の計画は挫折したということだが、しかし、この最後のくだりはいかがなものだろう。朝夕二回、ノンストップというダイヤまで決まった後、庁舎の下にパイルがあると気づいたというのである。

記事の前半のリアリティーに比べると、取ってつけたような結末だとは思えないだろうか。実は、このエピソードにはそんなチグハグなところが少なくない。

普通、極秘地下鉄が朝夕二回も千代田線の線路を走れば、すぐに国民の目にとまるはずである。通常の車両ではないとわかれば、注目を集めることは間違いない。工事費を負担し、車両を買い上げ、ようやく極秘地下鉄が実現しても、一週間も経たないうちにバレてしまうのではないだろうか。また、ノンストップというのも、実は大きな疑問である。事実上、不可能なことではないかと思う。たしかに小田急や京王には急行があるが、そのためには各駅停車がホームの片側で待っていなければならない。だが、いまから都心の地下に追い越しのためのホームを増設するのは至難の業《わざ》である。もちろん、地下鉄の線路には、留置線、車両基地などと呼ばれるプラスアルファの線路があるが、それをいかにうまく駆使したところで、朝夕のラッシュ時にノンストップで走ることはできないと思う。

つまり、このエピソードにはリアリティーがあるにもかかわらず、所々、どうしようもなくチグハグなところがあるということである。なぜ、チグハグなものになっているのかを突き詰めていくと、一つのつくり話が浮かび上がってくる。そのつくり話は次の文のなかにひそんでいる。

朝、夕二回、千代田線に護送のためのノンストップの特別急行電車を走らせることまで決まった。

このエピソードのリアリティーと矛盾しているのは、「千代田線」というつくり話ではないだろうか。

千代田線の線路を走れば、極秘地下鉄は極秘ではなくなる。都心の地下鉄にはノンストップの急行は走れない。つまり、このエピソードはどうしても「千代田線」とは両立しないのである。

小菅と霞が関を結ぶ極秘地下鉄のトンネルは、千代田線とは別のところにあったのではないだろうか。そのトンネルが別のところにあったとすれば、他にもツジツマも合ってくる。

——車両を買い上げるなら可能

営団は法務省にそう回答していた。だが、極秘地下鉄が千代田線の線路を走るものなら、その車両は朝夕以外の時間は、千代田線の線路を走れることになる。それは金を稼げるということで、「車両を買い上げるなら」というのは、過度の要求ということになる。

しかし、仮に極秘地下鉄のトンネルが別のところにあるなら、もう、その車両は千代田線には戻ってこない。たとえば、その車両が東京拘置所か東京地検の下にあって、専用の護送ルートを朝夕二回往復するだけなら、待機している時間が長すぎて減価償却もできない。車両を買い上げてもらわないと話がはじまらないということになる。

――金の心配はまずなかった

ミスター検察はそう語っていたが、いまから地下鉄のトンネルを建設すれば、数百億というレベルの金がかかる。とてもではないが、「心配はなかった」という話にはならない。霞が関と小菅の間にはトンネルが通じていたに違いないが、そのトンネルは千代田線とは別のところにあったはずである。法務省の極秘地下鉄計画は、そのトンネルを利用することを前提に進められていたのではないだろうか。

一九六〇年代の中頃、法務大臣は賀屋興宣だった。「第二次大戦の総決算」を唱え、池袋副都心構想を再建した人物である。伊藤は、その賀屋の下で働いていた。朝日新聞の記事では、極秘地下鉄を思いついたのは伊藤だということになっているが、はたしてそれは本当なのだろうか。

法務省の極秘地下鉄計画は、「総決算」の一部だったということはないだろうか。この計画は「ごく少数の担当者を除いては何も知らされないまま」進められていた。伊藤はそのうちの一人に過ぎなかったのではないだろうか。伊藤が営団に打診したのは、賀屋の命を受けてのことだったのではなかったのか。

朝日新聞が「地下鉄物語　～幻の護送地下鉄～」という連載をはじめたのは一九八三（昭和五八）年である。賀屋興宣も、当時の総理・佐藤栄作もすでに他界していた。当時の幹事長・田中角栄はロッキード事件で逮捕され、小菅に拘置されていた。

実は、この極秘地下鉄のエピソードは、伊藤のほうから朝日新聞に声を掛けてきたものなのだという。「地下鉄物語」という連載がはじまったことを知り、懇意の記者を通じてアクセスしてきたそうである。このとき伊藤は国民に何を伝えようとしていたのだろうか。それは単なる昔話、自慢話のたぐいだったのだろうか。

私はそうは思っていない。これは一つの告発だったと思っている。極秘地下鉄などというものは、よほどのことでもない限り、あってはならないものである。国民はそんなものが存在するなどとは思ってもいない。

だが、このエピソードのリアリティーは、その存在をうかがわせるものである。法務省のケースはともかく、実現した計画があると思わせるだけの力がある。おそらく伊藤の意図はそこにあったのではないか。

矛盾をつくりだす理由

東京の地下は極秘ばかりである。たとえ、それが昔の話でも、挫折した計画だとしても、このエピソードを公にするのは難しい。

　戦後、政府はこうしたことを公開するべきだったはずだが、代々の政府は地下に関することを極秘にしてきた。仮にその地下鉄が実現していた場合、それを口にすれば、国家公務員法の守秘義務に抵触することになる。ミスター検察が法律を破るわけにはいかず、その計画は挫折したことにしていたのかもしれない。


　伊藤栄樹ははじめに、極秘地下鉄は千代田線の線路を走るというつくり話をしている。その計画が挫折したというのも、私はつくり話ではなかったかと思っている。そしてもう一つ、護送地下鉄ということもつくり話だったはずである。

　そもそも、護送地下鉄は、極秘にはできない。その地下鉄で護送された容疑者の大半は、数年後には社会に復帰することになる。そのとき、どうやってその地下鉄の存在を口止めできるというのだろう。その地下鉄の存在が国民には極秘なら、容疑者を乗せることはできないはずである。

　もちろん、ミスター検察は、はじめから国民をだまそうとなどしていない。政府がそれを極秘にしている手前、仕方なくつくり話を入れただけである。その話はツジツマが合わないということになれば、そのほうが望ましいと考えていたかもしれない。

――地下の真実を語ることは、政府への反逆とみなす

戦前の軍機保護法の精神は、いまだに消えていないようである。政府に近い存在であればあるほど、それに立ち向かうのは困難に違いない。「地下鉄物語」は、私は、確固とした信念にもとづいた告発だったと思っている。ミスター検察とまで呼ばれていた伊藤栄樹は、最後のサムライだったのだと思う。

極秘道路計画

新宿西口・中央通りは、都庁へ向かう大通りである。左上の写真が中央通り、左下はその下の地下道である。この地下道は「街路四号」「四号街路」などと呼ばれ、最近は案内図やガイドマップにもそう記されている。地下道を地上の道と区別するため、街路という呼び名がつけられている。政府はときに応じて街路という言葉を使い分けているが、ここでは地下道のことである。

都市計画の世界的権威、C・A・ビアード博士は『東京の行政と政治』のなかで次のように述べている。

新宿西口・中央通り

新宿西口・中央通り下の地下道

国および宮内《くない》省の所有する街路にも、もとより、建設、修理、点灯せねばならぬ。それを市民が負担する法はない。

地上の道路は、国か地方自治体が管理している。「所有」しているわけではない。それは戦前も戦後も同様で、広く国民が利用できるからである。しかし、街路は国および宮内省が所有しているという。それは国民には街路が利用できないことを表している。「市民が負担する法はない」とあるのも、市民には街路が利用できない以上、建設費や維持費を負担させるのは筋が違うということである。

つまり、街路は地上の道路ではない。「建設、修理、点灯」という言葉づかいからも、地下道のことだと想像がつくと思う。

地下鉄東西線の断面図が左にある。左から右へと東西線のトンネルが走っている。高田馬場の右手、明治通りの下にあたる部分に「都市計画街路」とある。街路はここでも地下にあることがわかる。この交差点では、いま、地下鉄一三号線の工事が行われている。一三号線は東西線のトンネルの下をくぐるが、この工事ではそれに伴って街路が建設されている。

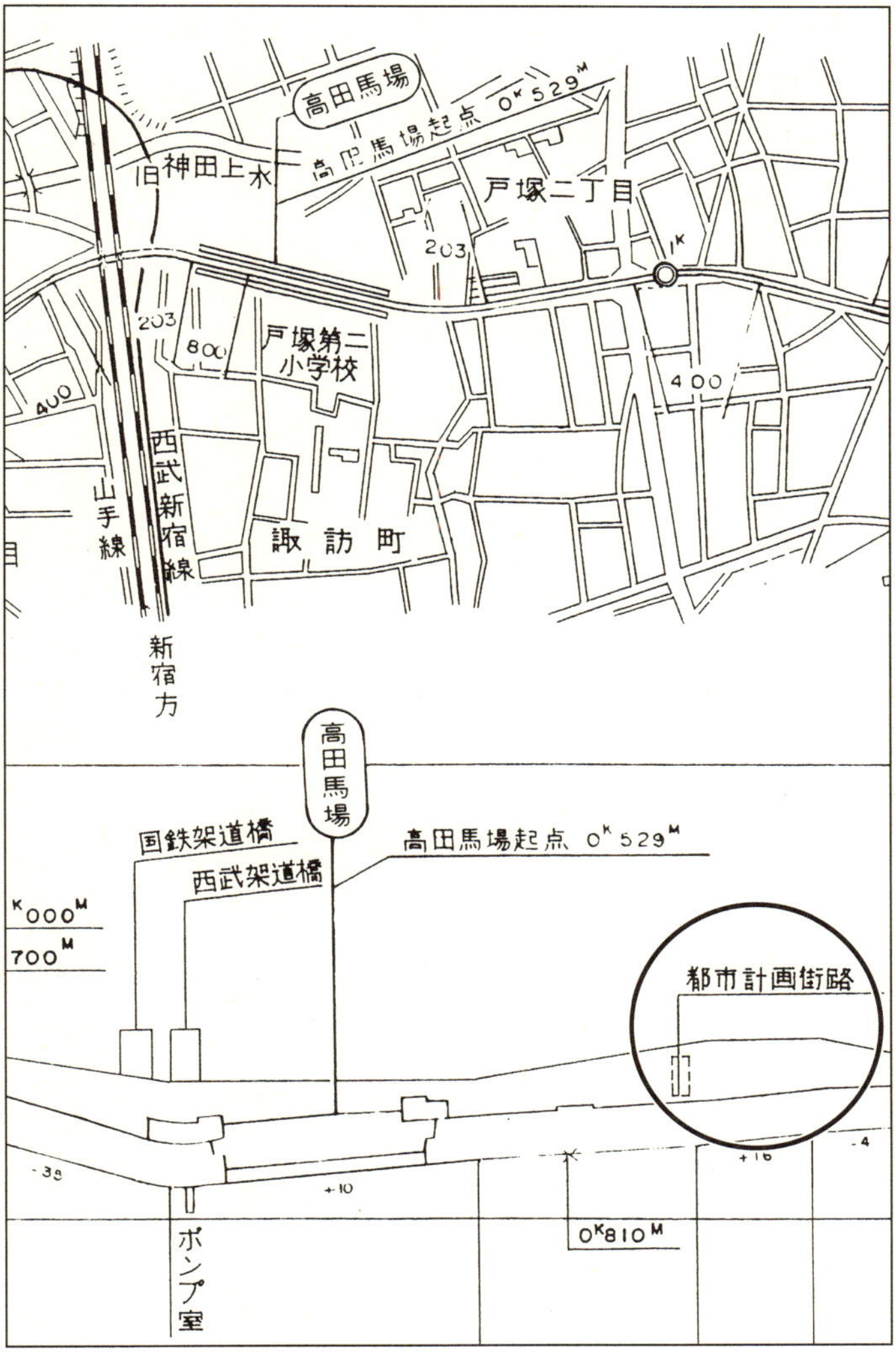
高田馬場
高田馬場起点 0K529M
旧神田上水
戸塚二丁目
1K
203
800
戸塚第二小学校
400
西武新宿線
山手線
諏訪町
新宿方
国鉄架道橋
西武架道橋
K000M
700M
都市計画街路
-38
+10
+16
-4
0K810M
ポンプ室

東西線断面図

地下鉄一三号線は、東京メトロの路線である。東京メトロは営団地下鉄が民営化された会社だが、一三号線の建設は営団時代からはじまっていて、いまでも国の直轄《ちょっかつ》事業である。だが、今回は東京都がこれに加わっている。通常、地方自治体は国の直轄事業に金を出すことはないが、この一三号線の建設では同時に街路がつくられることになっていて、東京都はこの街路事業に出資している。この事業に対して、国の道路特定財源から一五六億円の補助が出ている。

しかし、ここに道路はできないという。東京都の事業で敷設されるのは街路で、国民には利用できないということだ。二〇〇四（平成一六）年の東京都議会の議事録には次のようにある。

○河野委員
百五十四号議案、平成十五年度補正予算案の街路事業と直轄事業負担金についておうかがい致します。（中略）それでは、事業の仕組み、それから今回新しいスタートになるわけですが、東京都の財源負担分はどういうふうな状況になりますか。

○阿部道路計画担当部長
事業の仕組みにつきましては、駅舎及びトンネルの躯体《くたい》等インフラ部を道路の一部として国の補助を受け、道路管理者である東京都が整備するものでございます。

この事業の担当は、道路計画担当部長である。できあがるインフラは、道路の一部だということである。だが、道路の一部というのは、何のことなのだろう。道路とどこが違うのだろうか。道路計画部長の発言に丸め込まれてはいけない。地下鉄一三号線は国の直轄事業だから、駅舎やトンネルなど、地下鉄に関連するものは国が建設している。東京都の街路事業で整備されるのは、その「軀体等インフラ部」というものである。

○河野委員
もう一点、おうかがいしておきます。建設局が営団地下鉄、今度、東京地下鉄株式会社、東京メトロといっているみたいですが、民営化になるということで、いま、工事を委託するインフラ部分などについて、その所有権についてはどういうふうになるのでしょうか。

○須々木道路管理部長
今度整備いたしますインフラ部分のものでございますけれども、東京都のものとなります。それで、帝都高速度交通営団との間で基本協定を締結しておりまして、完成後のインフラにつきましては、この協定にもとづきまして営団が管理します。詳細につきましては、別途、道路管理者との間で管理協定を締結いたしまして、適正な管理が実行されるようにしてまいりたいと思っています。

そのインフラの管理責任者は、道路管理部長である。東京都の道路管理部が、道路以外の何を管理するというのだろう。だいたい「今度整備いたしますインフラ部分のもの」などという答弁がまかり通っていいものだろうか。これは戦前の市議会ではなく、一昨年の都議会の答弁である。

地下鉄東西線のトンネルの上に「都市計画街路」とあった。あたかも将来、建設されるかのように、街路が点線で書かれていた。しかし、地下建設においては、道路でも地下鉄でも、後からつくられるトンネルが上になることはない。その重みで下のトンネルが沈んでしまうからである。ときに新しい地下鉄が古い地下鉄の上にあるが、それはその部分のトンネルが前もってつくられていた場合に限られる。

馬場下町の交差点には、はじめに「都市計画街路」があった。東西線はその下をくぐり、下から支える工事をしている。今回、地下鉄一三号線が建設されるにあたり、その街路がリニューアルされ、新たな街路がつくられている。

都議会は一〇〇年前から変わっていない。都民はいまもだまされている。かつて市民の税金が陸軍に流れていたが、いまはそれが政府と東京都に代わっただけである。馬場下町の交差点を掘ることができれば、すべてが明らかになるだろうに。

地図上に存在しない「一直線の街路」

関東大震災で東京は一面の焼け野原に変わり、すぐに帝都復興という事業が立ち上がっている。一九二三（大正一二）年のことである。東京の再建計画をまとめた設計士は、戦後『近代日本建築学発達史』のなかで次のように述べている。

街路計画作製にあたって多くの街路中でもとくに基幹となるものの位置がまず決定されることになった。第一に東海道と日光街道を一直線に南北に通し、次いで甲州街道と青梅街道を合わせたものと、千葉街道とを一直線に東西に通すことになった。すなわち前者は品川から千住大橋に通ぜしめ、後者は九段下から錦糸町に至らしめた。

帝都復興の事業では、東京中の道路が敷き直された。だが、千住大橋と品川を一直線に結ぶような道路は存在しない。「甲州街道と青梅街道を合わせたもの」といわれても、地上の道路を想像している限り、何のことだかサッパリわからない。やはり、街路は地下にあるということである。しかも、そのルートは一直線に延びているのだろう。

——千住大橋と品川を一直線に結ぶ街路

とはいえ、この街路はどこにあるのだろう。「品川」といっても、品川駅、品川港、品川区役所、品川神社などいろいろな場所がある。それぞれにラインを引いて、どこかに街路の痕跡がないか調べてみたが、結局わからなかった。

その後、帝都復興の事業の中心は、皇居前広場だったと思い出し、千住大橋からこの広場を通過するラインを引くと、そのラインは五反田駅へと下りてきた。もちろん、五反田は品川ではないが、一考の余地はありそうだった。

そのラインは三ノ輪から上野まで昭和通りに重なっている。ここには日比谷線が敷設されているが、昭和通りは五〇メートルも道幅があるから、日比谷線のとなりに別のトンネルがあっても不思議はなかった。

このラインを千住大橋の上へ延ばすと、小菅の東京拘置所に至る。皇居前広場の下へ延ばすと、霞が関の東京地検である。このラインが街路一号だったとすれば、法務省の極秘地下鉄計画は、この街路にノンストップの地下鉄を走らせようというものだったことになる。

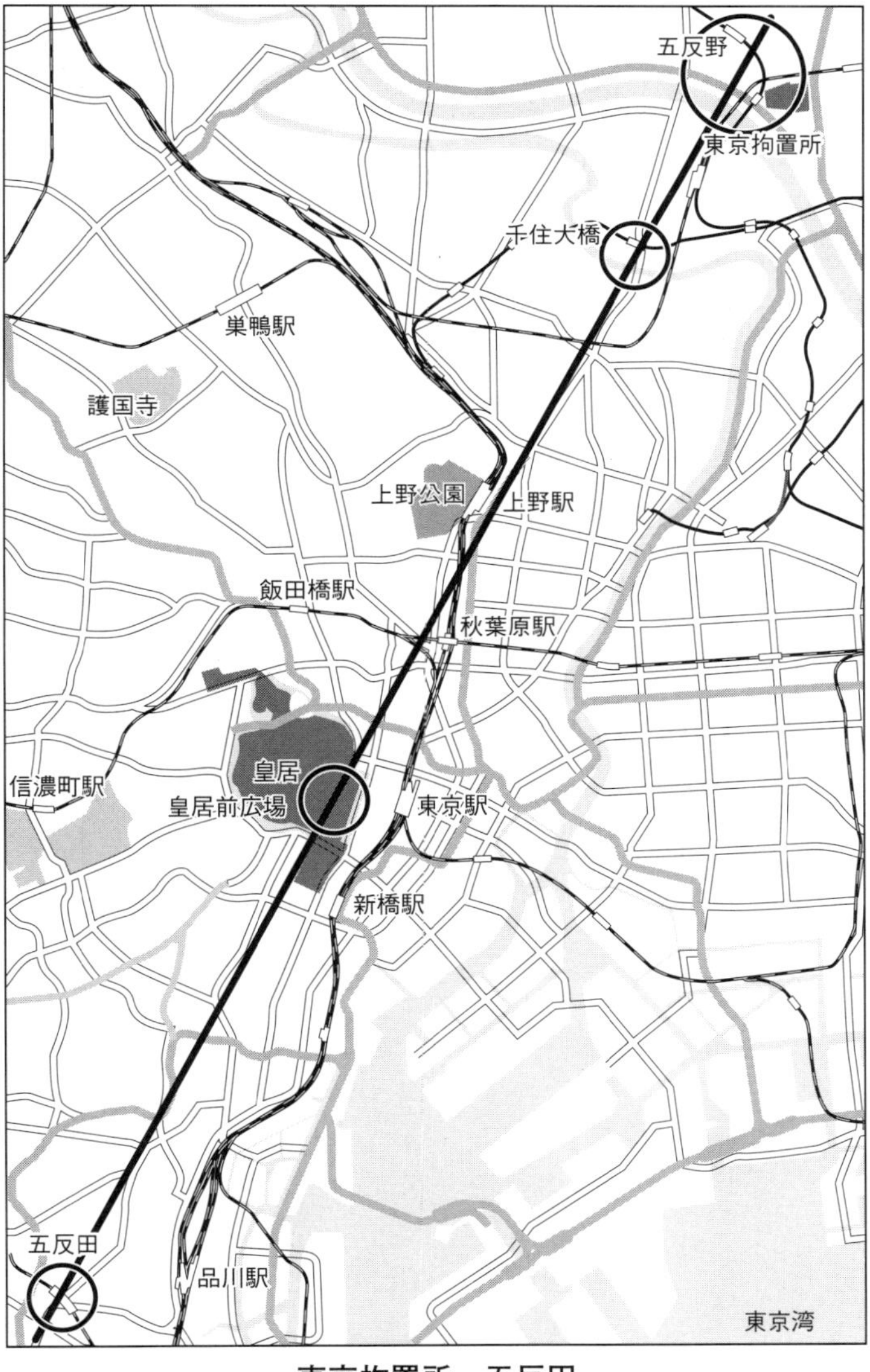
五反野
東京拘置所
千住大橋
巣鴨駅
護国寺
上野公園
上野駅
飯田橋駅
秋葉原駅
皇居
信濃町駅
皇居前広場
東京駅
新橋駅
五反田
品川駅
東京湾

東京拘置所—五反田

明治初期の地下道は、砲撃からの防御を主眼としていたが、地下にはもう一つ大きな利点があった。それは、二点を最短距離で結べるということである。一直線のルートが完成すれば、地上よりはるかに速く移動することができる。このような地下道が軍事的に価値が高いことはいうまでもない。いま、郵便や通信の洞道が道路を横切って延びているのは、そのためであろう。

だが、一九世紀の末に電車が登場し、地下鉄の時代が到来したことで、一直線の地下ルートでも、線路がなければ価値が半減することになった。それだけなら地下道を拡張し、線路を敷けばよかっただろうが、まもなく第一次大戦に飛行機が現れ、爆撃、空襲の時代に突入している。空爆の威力は大砲を上回り、もはや、地表近くにつくられた地下道では、ほとんど防御にならなくなった。

市区改正でつくられた洞道は、こうして拡張もされず、線路も敷かれず、歩行用の地下道として残ったのではないか。

もちろん、陸軍は次の世代の地下道を必要としていた。地下深く、広大で、しかも、直線的なルートの地下道である。帝都復興の事業ではじめてそのような地下道がつくられ、「街路」と呼ばれていたのだと思う。

地下鉄騒動の舞台となった新橋駅

わが国初の地下鉄は銀座線である。一九二七（昭和二）年に開通している。銀座線の東半分、浅草—新橋間は、東京地下鉄道という私鉄が建設した。この私鉄の創始者・早川徳次《はやかわのりつぐ》は「地下鉄の父」と呼ばれている。

銀座線の西半分、渋谷—新橋間は、東京高速鉄道の建設である。東急の祖・五島慶太《ごとうけいた》率いる私鉄である。

早川徳次

五島慶太

新橋に二つの地下鉄が開通したところで、後発の五島が線路をつなぐことを要求し、早川がそれを断ったことから、地下鉄騒動と呼ばれる事件に発展している。事態を重く見た鉄道省は調停委員会を設置したが、騒動はなかなか収拾がつかず、五島が早川の会社を乗っ取るという結末を迎えている。一九三七（昭和一二）年のことである。

戦前の地下鉄騒動は多くの謎に包まれているが、今回は地下鉄の新橋駅について考えてみたいと思う。新橋駅とはいっても、銀座線の新橋駅の話ではなく、都営浅草線の同駅についてである。

早川はもともと、高輪から浅草へと至る地下鉄の認可を取得していた。だが、建設工事は終点の浅草からスタートしている。浅草—上野間をはじめに開通して以来、早川は利益を次の区間の建設に注ぎ込み、七年かけて新橋に到達したが、その先の区間については、まったく手をつけていなかった。

新橋駅周辺の地図が左にある。銀座線は①のポイントで急カーブを曲がり、新橋駅へと入っていくが、早川が当初得ていた認可では①では曲がらずに真っすぐ進み、②の先、都営浅草線の駅の場所に新橋駅をつくることになっていた。新橋から品川に向かうとすれば、そこに駅を設けるのは当然だった。

とはいえ、東銀座駅を出た都営浅草線は、大きく右にカーブした後、突然、からだを左にねじるようにして②から新橋駅へと入っていく。銀座線の新橋駅なら当然の場所だったに違いないが、都営浅草線はどうにも不自然な曲がり方をしている。あたかも、そこには先に駅ができていたかのようである。

そこには戦前から早川の駅が完成していたと私は思う。当初の認可通りの新橋駅である。しかし、何らかの理由でこの駅を追われ、早川・銀座線はルートの変更を余儀なくされた。①の急カーブはその結果である。半径一二三メートルなどという急なカーブは、他の区間では一つも見られない。ここはいまだけの仮のルート、仮の駅だと早川は考えていたのではないか。

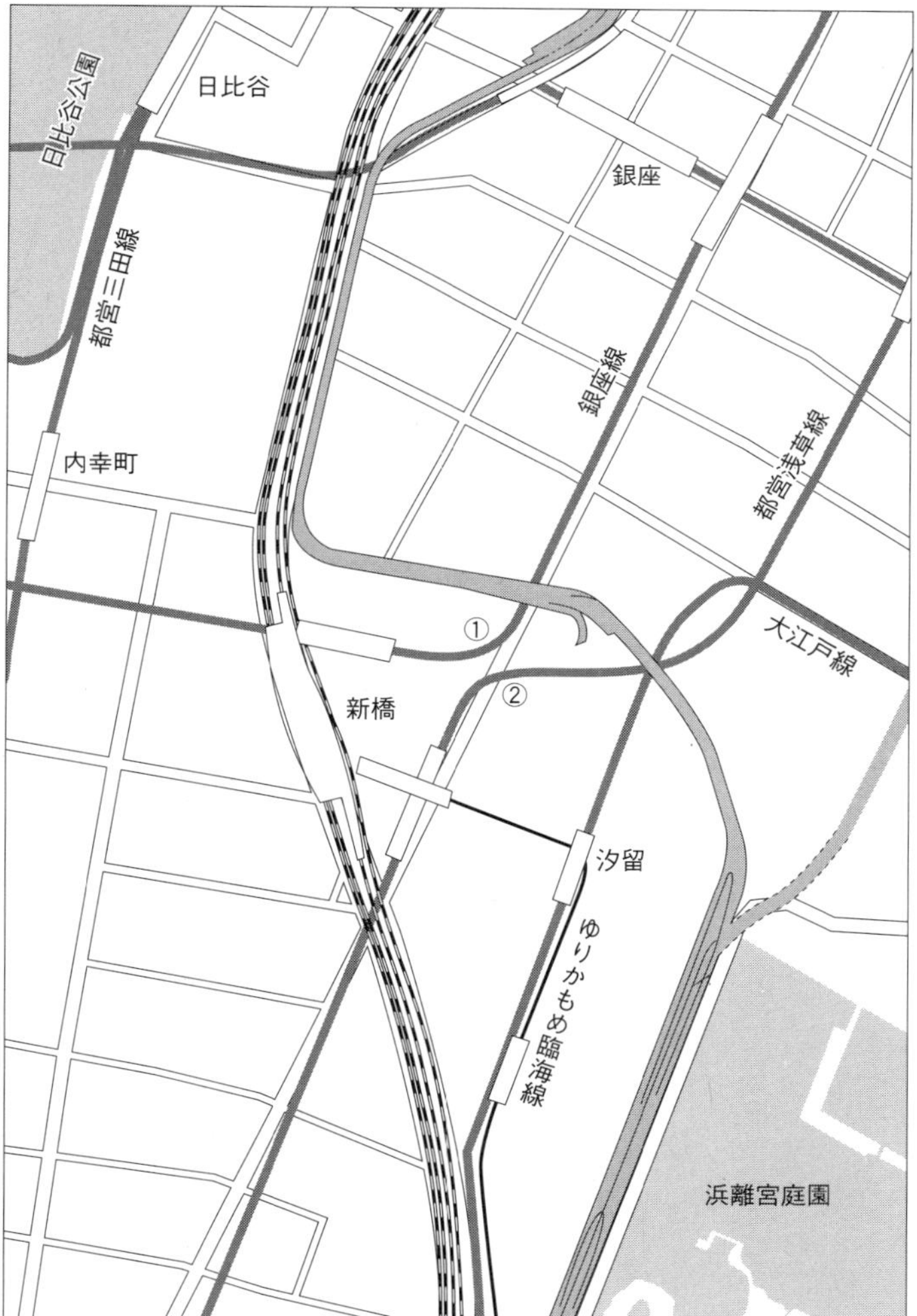

新橋駅周辺

そもそも、早川はなぜ、本来の駅を奪われたのだろう。新橋駅は鉄道省の認可を得ていた。にもかかわらず、地下鉄駅が締めだされたのは、陸軍の施設が完成したということだろうか。仮に早川が当局に指示されて極秘地下鉄の駅をつくったような場合でも、陸軍なら早川の駅を追いだすかもしれない。

この時期、帝都復興の事業は終盤を迎えていた。地下深く、広大で、しかも一直線の街路が随所に建設されていた。都営浅草線の新橋駅も、街路のルートにあたっていなかったとも限らない。街路のなかに極秘の地下鉄駅がつくられたときは、街路の方向と地下鉄のホームが同じ向きになるに違いない。

説明不可能な寺院の地下施設

都営浅草線新橋駅のホームを一直線に延長すると、芝公園、三田二丁目、地下鉄高輪台駅から山手線の五反田駅へと到ることになる。海軍水路部、華頂宮《かちようのみや》邸、高輪御殿、高野山東京別院という寺院を通過し、高輪台から五反田駅へと向かうことになる。これらをつなぐと、丸囲み内の点線部分、地図には何も説明がないが、トンネルのような所にぴたりと重なっていた。

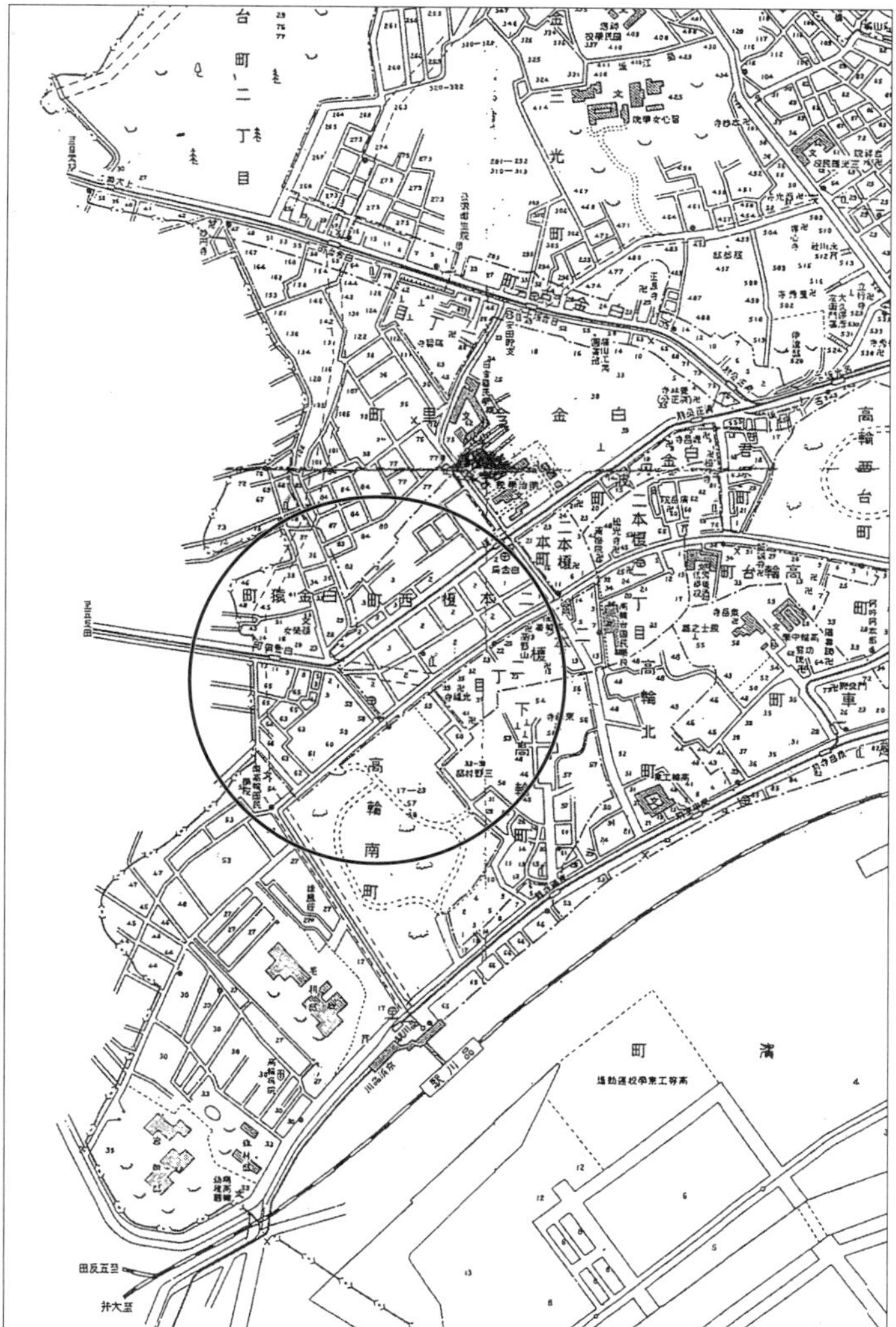

内務省41　芝区　高輪台

皇族の邸宅を通過する途中、丸印のところで「×」のマークをかすめていた。同じようなマークが巣鴨監獄にもあったが、ここは高野山東京別院という寺院の場所だった。この寺院の断面図が左下にある。

この寺院の地下には、なぜか、東京電力の地下変電所がある。東京拘置所、つまり、いまのサンシャインシティと同じである。寺院の地下にある高輪変電所は、一九八九（平成元）年に稼動を開始。いま、港区、目黒区、品川区、大田区には、ここから電力が供給されているという。

戦前から建っている寺院の下に、変電所を増設するのは至難の業である。事実上、不可能といったほうがいいかもしれない。

都営浅草線の新橋駅から一直線の場所に「×」のマークが手書きで書かれ、いま、そこに東京電力の地下変電所がある。

私は、この寺院は戦前から地下五階まであったのだと思う。新橋駅からの一直線のラインは、地下四階か、五階か、かなり地下深いところに敷設された街路と一致しているように思う。

千住大橋から品川、九段下から錦糸町と、帝都復興の設計士は例をあげていたが、新橋から五反田、また、霞が関から小菅などにも同じように街路が敷設されているかもしれない。

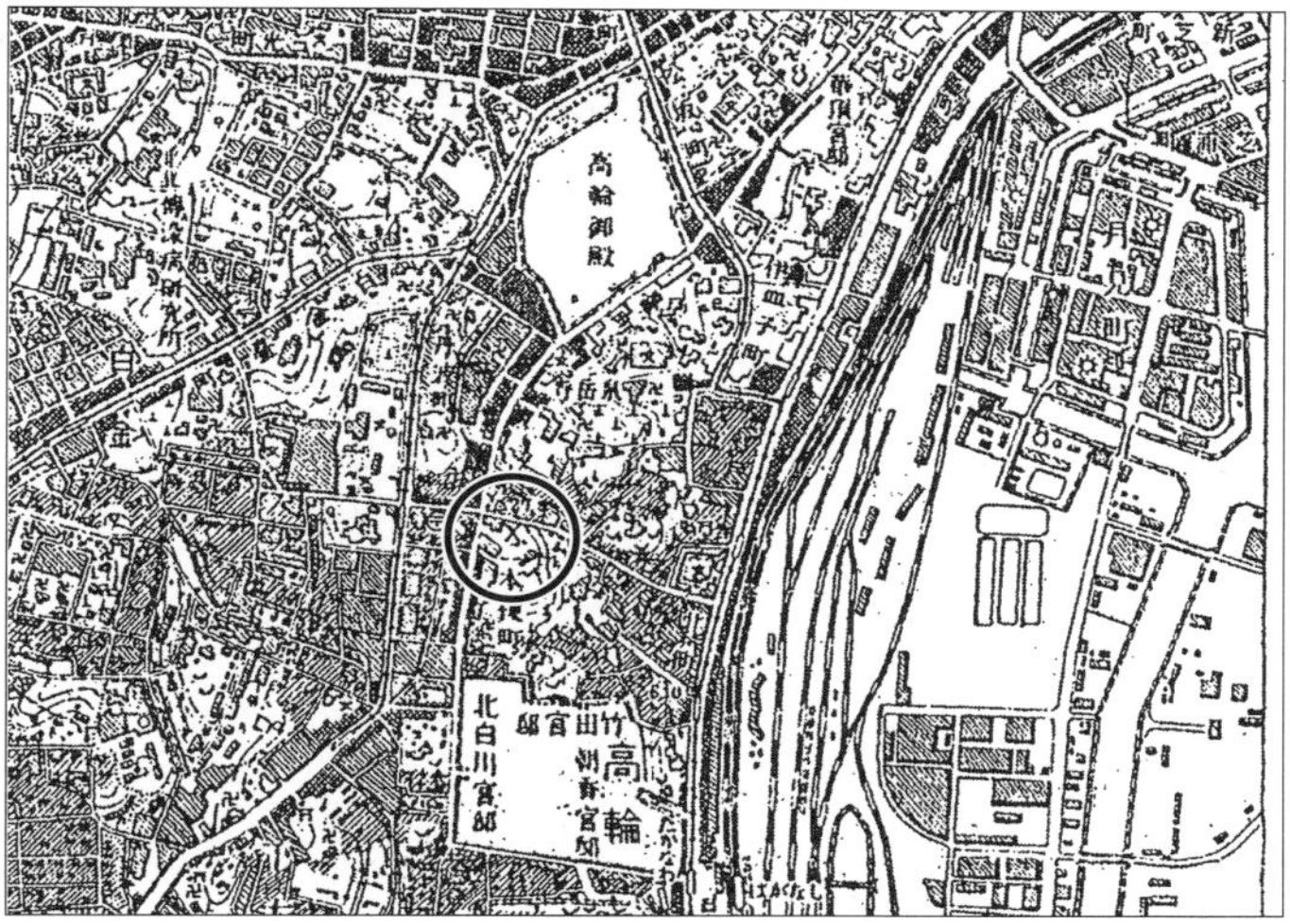

戦後の地図

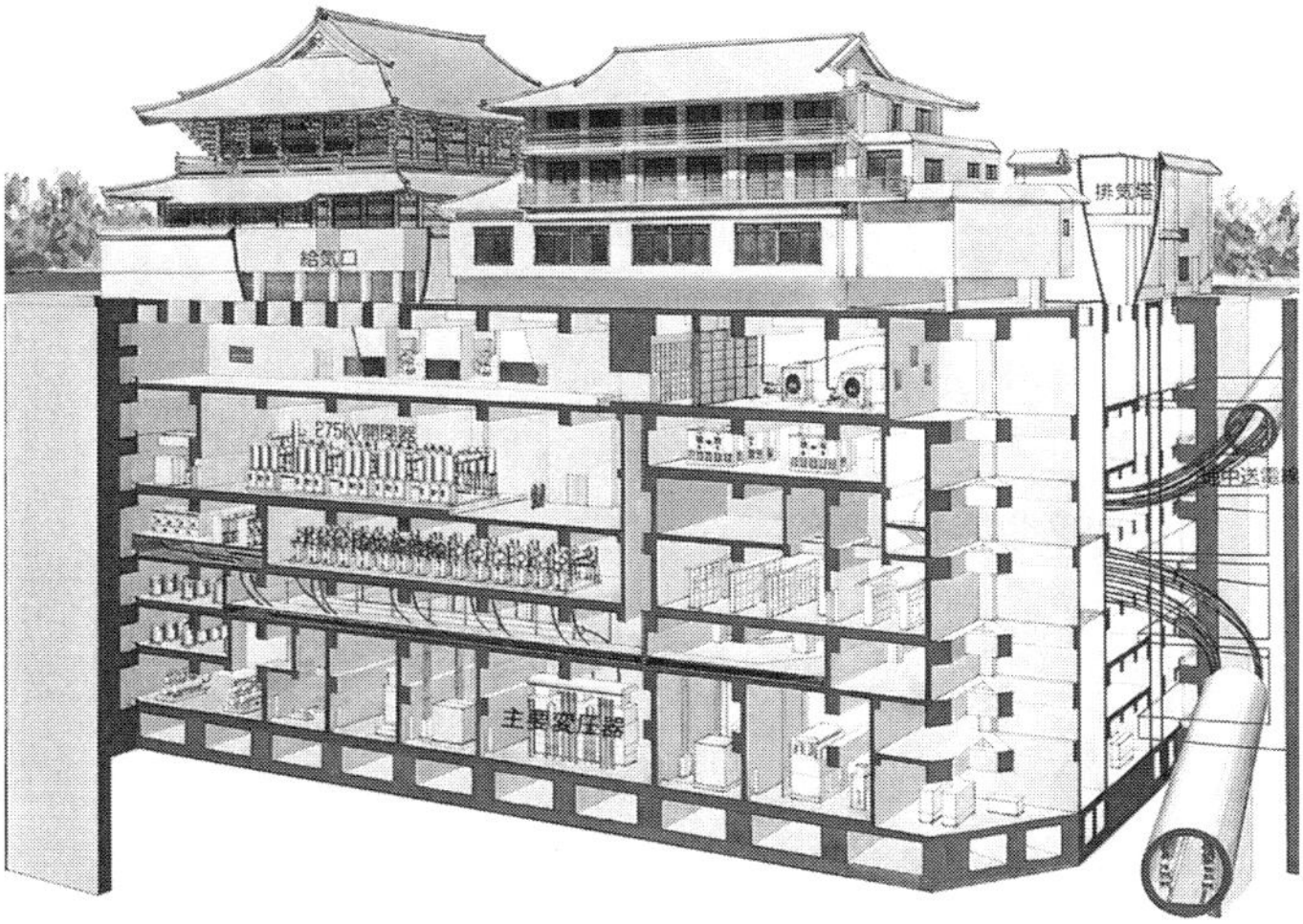

高野山東京別院断面図

都営浅草線の新橋駅のラインは、五反田駅へと向かっていた。山手線の五反田駅は、池上線という私鉄の始発駅だった。

早川の地下鉄を乗っ取った五島は、戦前、一〇〇社を超える会社を買収し、乗っ取り王、「強盗慶太」などと呼ばれていたが、はじめて乗っ取った会社は、池上線である。なぜ、五島が池上線の買収へと踏み出したのかはわかっていないが、私には、都営浅草線新橋駅のラインと関係がないとは思えないのである。早川の出口をふさいでいたように思えてならない。

戦前の地下道建設は、陸軍の臨時砲台建築部にはじまっていたが、この時期の地下鉄建設も、当然、陸軍と深い関わりがあったはずである。私鉄会社が地下鉄の認可を取得するには、ときに国のため、ときに陸軍のために、地下道を建設していたのではないだろうか。線路も敷設していたかもしれない。

早川は高輪—浅草間に地下鉄の認可を取得していたが、終点の浅草から建設をはじめていた。だが、本来、そのようなことが許されるだろうか。高輪という場所は、先に見た通り、皇族の邸宅が集まっていた所である。はじめに高輪で国のために地下道をつくり、線路を敷設しない限りは、浅草で着工することなどできなかったのではないかと思う。

早川・銀座線は仕方なく異例の急カーブを曲がり、いまの新橋駅を建設しているが、この駅が赤坂離宮の東宮を向いているのも、私には偶然とは思えないのである。

第四章　都営浅草線の真実

なぜ、東京には二種類の地下鉄があるのか

東京には一二路線の地下鉄がある。東京メトロが八路線、都営地下鉄が四路線である。大手私鉄の東武、西武、小田急、東急は、東京メトロの路線に乗り入れている。乗り入れた先で、誰でもメトロの別路線には乗り換えるが、都営に乗り換える人はほとんどいない。料金がいきなり倍になるからである。東武や西武の沿線に住んでいれば、都営に乗るのは一〇年に一度ではないだろうか。

「遠足で一度、乗っただけ」

そんなセリフを、何度耳にしてきただろう。東京には何路線の地下鉄があっても、都営地下鉄ははじめからないも同然だった。二種類の地下鉄を示した路線図が左にある。

東京メトロの路線は、永田町と霞ヶ関に集まっている。八路線のうちの実に六路線である。だが、都営の路線はなぜか一本もない。都営は四路線のうちの二路線が、芝公園、三田を通過している。東京都の施設が多く、東京という名が目につく場所である。東京タワー、テレビ東京、東京専売病院もしかり。ここではプリンスホテルも「東京プリンスホテル」である。

JR山手線と地下鉄路線図

東京にはなぜ、二種類の地下鉄があるのだろうか。そして、それはいつ頃はじまったことで、二つの地下鉄にはどんな違いがあるのだろうか。

東京の地下鉄は私鉄一社からはじまり、一社が二社になって地下鉄騒動を引き起こした。対立は買収劇にまで発展したが、最終的には買収は成立せず、政府が二社をまとめて帝都高速度交通営団（以下、営団地下鉄）を設立した。営団地下鉄には、東武、西武、小田急、東急などが出資していた。当時、公共資本だけでつくられた組織は公団、民間資本が入るものは営団と呼ばれていた。

終戦後の一九五一（昭和二六）年、営団法が改正され、民間資本が排除された。営団地下鉄の株主は東京都と国鉄に決定している。戦前に設立された営団には、住宅営団、水道営団、重要物資管理営団などもあったが、戦後になると、軍事的な色彩が強いという理由で解散され、住宅営団などは日本住宅公団として再スタートを切っている。営団地下鉄は、唯一、生き残った営団である。

当時、国会では、民間資本を排除するなら、営団ではなく公団に改称すべきだという意見もあったが、政府は頑として名称を変えず、営団地下鉄を存続させた。その結果、営団地下鉄が戦前、戦中に取得していた認可は、そのまま営団の手元に残された。営団がどこに地下鉄を敷設する認可を得ていたかは、いまだに公表されていない。三年後、東京都議会は次のような決議をしている。東京の二種類の地下鉄は、ここからはじまっている。

現在都内における地下高速鉄道事業は専《もっぱ》ら帝都高速度交通営団に委《ゆだ》ねられているが、その建設事業は遅々として進展せず、人口増加と自動車の激増のため都内の路面交通はまさに危険に瀕《ひん》し、遠からず都民生活に重大なる影響を及ぼすことは必至であり、もはやこれ以上、都民は黙視することはできない。よって、都は直接これが建設に力を傾倒し、速やかに都内地下高速鉄道交通網の完成を期すべきである。

右決議す。

ということだが、なぜ、そういう話になるのだろう。営団の地下鉄建設が遅いなら、それは株主の東京都にも責任があるはずである。しかも、遅いから営団に増資するというならともかく、なぜ、株主が直接、営団とは別に地下鉄を建設することになるのか。営団は東京の地下鉄を整備拡充する機関だから、東京都が株主になった。その東京都が地下鉄を建設すれば、株主になった理由と矛盾する。

漫談ではぐらかす理由

にもかかわらず、政府はこの都議会の決議を認め、一九五八（昭和三三）年、都営地下鉄の建設がはじまっている。


「なぜ、二つの機関が地下鉄を建設するのか」

官邸の記者団に質問されたとき、岸首相は、

「いいじゃないか」

と大声で答え、あたりがしんと静まると、

「地下鉄が足りないときに地下鉄を建設したいという者があれば、何をこだわることがあるだろう」

と、逆に記者団に質問を返していた。

このような受け答えをマスコミでは漫談《まんだん》と呼んでいる。どんな分野であろうと、やりたい者がいるからといって何でもやらせるわけにはいかないはずである。それは、現実から離れた抽象的な話であり、禅問答のようなものだが、そんなことを口にしたところで、漫談で返されるだけだ。

この日、記者団はこれ以上地下鉄については聞かず、次の質問へと移っているが、一般に政治家の答えが漫談になるのは、痛い所をつかれたときだといわれている。

終戦後、営団法が改正されていた。改正したのは国会である。つまり、営団は東京の地下鉄を整備拡充する機関だと、国権の最高機関が定めていたわけで、他の機関が地下鉄を申請することも、政府がそれを許可することもできないと考えられていた。岸内閣はその常識を覆していただけに、そこをつかれたくなかったのではないだろうか。実は、その拠り所となっていたのが、先の都議会の決議である。

決議というものは、一種、特別な存在である。世界各国が参加した平和会議で「核兵器の廃絶」が決議されても、何の強制力があるわけでもない。決議文に「世界はいま、危機に直面している」とあったとしても、誰にも根拠は問われない。多少の事実誤認があろうと、論理が一方的だろうと、何の責任も負わない。決議は強い意志表明に過ぎず、何も決定していないからである。

先の都議会の決議には、東京都が営団の株主だという自覚が欠如している。だが、決議文だから誰にも何も問われない。また、営団の地下鉄建設が遅いとしていたが、それもかなり疑わしい。

当時、ロンドンでは年平均二・五キロ、ニューヨークでは三キロの地下鉄が建設され、ソ連の年平均八キロが世界最速といわれていた。これに対して営団の建設は年平均七キロで、決して遅いとはいえなかった。つまり、都議会の決議は、私は、事実誤認から立ち上がっていたと思うが、いずれにしても、決議だから何の責任もない。ちなみに都営浅草線の建設は、年平均二キロである。

「遠からず都民生活に重大なる影響を及ぼすことは必至であり」

決議にはそうあったものの、重大なる影響といわれても、何がどうなるのか、さっぱりわからない。いくら重大な影響でも、遠からずとあるから、まだ、緊迫した問題ではなかったのだろう。

そもそも、地下鉄の建設が遅かったからといって、緊迫した事態にはならなかったに違いない。当時の都民は地下鉄などはなくても、平穏な日々を送っていたはずである。

また、決議というものは本来世界市民の立場、国民の立場、都民の立場から決議が採択される。それゆえ「交通問題の早期解決」や「地下鉄新路線の開通」が決議されることはあるかもしれないが、都民にとっては、誰が地下鉄を建設しようと大した問題ではない。「誰が地下鉄を建設する」という途中経過が具体的に求められているのは前代未聞である。

「右決議す」

という結びがなかったら、誰もあれが決議だとはわからなかったのではないだろうか。

とはいえ、決議は強い意志の表明である。都議会が先の決議をしたことで、都民の強い意志が表明されたことになった。営団法の改正からある程度の時間が経過し、新たな民意が示されたという解釈が成立した。東京都は、その民意に押されて地下鉄を申請し、政府は民意をくんで認可を与えたということができたということだ。政治の世界では、ときに一つの解釈が事態を一八〇度転換させる。

先の決議は政府からの要請が先にあったと私は思う。東京都が地下鉄を申請すれば、認可を与えると伝えられ、都議会はいわれた通りに決議したのではないだろうか。政府に認められるとわかっていなければ、先の決議は物笑いの種にされるだけである。営団は地下鉄を建設する機関で、東京都はその株主だと国会が決定している。いまさら都議会が何をほざくかという話である。

都議会の決議で国会の決定を覆すという発想は、都議会のなかからは決して生まれてこない。霞が関の官僚からも出てこない。

永田町、霞が関界隈で岸首相は「妖怪」と呼ばれていた。畏敬《いけい》の念が込められた呼び名である。得体の知れない手法を使い、人間業とは思えないようなことを成し遂げたということである。

東京の地下鉄はこうして二種類になった。東京都は営団の株の半分を負担し、都営地下鉄の建設費を全額負担している。営団も都営も、つまり、東京都の地下鉄だったが、一二路線は八路線と四路線に分かれてしまった。地下鉄を二分してしまったのは、料金体系を別にしたからである。

韓国のソウルも地下鉄は二種類で、二つとも公共の交通機関である。営団と都営同様、それぞれが別の路線を運営している。だが、どの路線からどの路線に乗り換えても、料金が倍にはならない。二つの組織は経営も別だが、同じ公共機関である以上、初乗りの二重取りはできないからである。

いまや世界の一三〇を超える都市に地下鉄があるが、公共機関が初乗りを二重取りしている都市は東京以外には見あたらない。

都営浅草線をめぐる疑惑

東京都が最初に建設したのは、都営浅草線である。次ページの地図は同線のルートを表したものである。五反田と品川から北へ延びるルートが泉岳寺で合流し、三田、新橋を経て、浅草、押

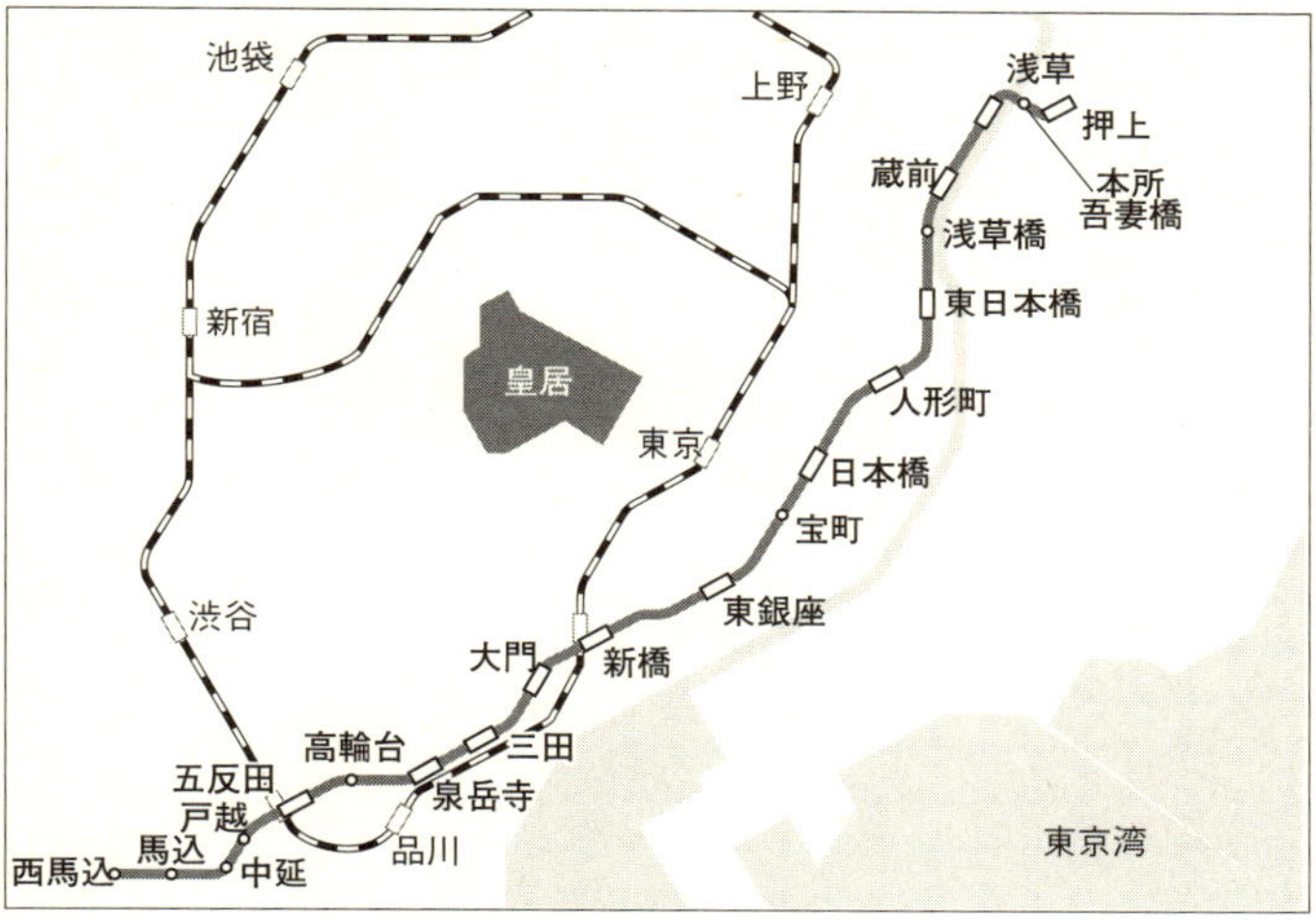

都営浅草線のルート図

上へと向かう地下鉄である。

品川―新橋―浅草といえば、戦前の早川の計画と同じである。早川ははじめに品川―浅草の認可を得た後、三田―五反田、五反田―馬込の認可を得ていた。早川の計画と都営浅草線は、ほぼ一致している。

だが、都営浅草線が計画されたのは戦後である。運輸省の都市交通審議会がルートの原案を作成している。審議会の計画が偶然、早川の計画と一致したのか、早川の計画が非常に優れたものだったのか知らないが、早川が計画を立てたのは大正である。戦後とは大きく状況が違っていた。

大正の初頭、山手線はまだ、環状線ではなかった。起点は品川で、新宿、池袋を回り、東北本線の起点・上野へと到る路線だった。当時、東海道の起点は新橋で、新橋―品川には東海道本線が走っていたから、線路が敷かれていた区間は、新橋―品川―新宿―池袋―上野である。そのため、新橋と上野を結ぶことが急務とされていた。品川、新橋、上野は、東京の鉄道の三大拠点だった。

当時の東京の盛り場は、浅草である。五重塔、十二階と呼ばれる塔がそびえ、オペラ、映画館、見世物小屋が並んでいた。わが国最大の歓楽街には、わが国初のエレベーターもあった。関西方面から東海道本線で東京にくれば新橋、東北方面からきた場合は上野が終点である。新橋―上野―浅草間に、わが国初の地下鉄を敷けば、乗客が殺到することは、まず間違いなかった。大正期の東京に地下鉄を敷くなら、品川―新橋―上野―浅草は、黄金のルートだったはずである。

さらに理想を追求すれば、新橋―上野―浅草ではなく、新橋―浅草―上野である。新橋から浅草に行くのに上野を経由すれば遠回りになる。都営浅草線の新橋―浅草と、銀座線の浅草―上野ということである。新橋―浅草については、銀座線で日本橋まで行った後、右折して都営浅草線に入る手もあった。

上野と新橋を結び、そこに東京駅を建設することは、明治時代の後半に施行された市区改正と呼ばれる都市計画で決定された。いまの銀座線のように新橋―上野―浅草に地下鉄を敷けば、新橋—上野間では、山手線と並走することになる。地下鉄の建設費は膨大だから、地上の鉄道と同じ料金では、なかなか投資金額を回収できない。本来なら、山手線との並走は避けなければならなかった。

その後、東京駅が開業し、東海道の起点は新橋から東京駅に移った。山手線が環状線に変わり、乗客にとっては、起点も終点もなくなった。また、大正期の関東大震災で浅草は壊滅し、焼け野原と化した。以後、十二階も再建されず、浅草は華やかさを失った。昭和初期には新宿が浅草に取って代わっている。

では、都営浅草線である。戦後、新橋—浅草に地下鉄を敷設して、東京都は何をしようとしていたのだろう。都市交通審議会は、誰をどこに運ぶために、このようなルートを設定したのだろうか。

東京の鉄道の拠点は、東京駅である。何が悲しくてわざわざ新橋に地下鉄を敷設したのだろうか。実際、早川の銀座線は初年度から黒字を計上していたが、都営浅草線は黒字になるまでに五〇年もかかっている。北総・公団線が京成に乗り入れ、京急（京浜急行電鉄）が羽田まで延伸していなかったら、いまだに赤字路線だったかもしれない。都営地下鉄の累積赤字は四七〇〇億円である。

都営浅草線のルートは、五反田と品川からの二つのルートが泉岳寺で合流すると先に述べたが、泉岳寺—品川間は、いま、京急の区間とされている。しかし、この区間を建設したのは京急ではない。都営地下鉄の誕生と同時にP線（私鉄企業が、新線建設や複々線化などの大規模投資を行おうとする場合に利用可能な公的補助制度）が創設され、政府が私鉄に代わって設計から施工まですべてを行い、建設費も負担したうえで、この区間のトンネルを京急に譲渡している。

本来、国がカバーすべきことを私鉄に任せているため、P線という制度が創設されたということだが、常識をはずれた優遇措置である。しかも、京急にとっては、親切の押し売りでしかない。京急は横須賀、横浜から品川まで地上を走る私鉄である。莫大な金をかけてこの区間に地下鉄を建設し、何になるというのだろう。しかも、品川—新橋間は山手線、京浜東北線、東海道本線、横須賀線などとの並走区間で、乗客はほとんどいない。京急沿線の住人は、誰もが品川で下車している。都営地下鉄はJRより料金が高いうえに遅いからである。なぜ、国鉄各線と並んで品川—新橋を走り、すでに銀座線が結んでいた新橋—浅草に、もう一つのルートを敷設しているのだろう。品川—新橋—浅草の地下鉄は、本当に戦後に計画され、戦後に建設されたのだろうか。

都営浅草線のP線・泉岳寺—品川間は、日本鉄道建設公団が建設した。新幹線や青函トンネルの建設などで知られる鉄道のプロである。その鉄建公団がわずか一駅、一キロ強の区間に五年もかかっている。進行速度は年平均〇・二キロである。

大正期、ヨーロッパでは第一次大戦が行われていた。ドイツによるロンドン空爆は五年にわたり、線路は寸断され、橋は落とされ、ロンドンでは唯一の交通機関が地下鉄だった。品川—新橋という国鉄との並走区間も、戦前という時代なら、万一の際の地下ルートとしての価値があったに違いない。

都営浅草線の泉岳寺—高輪台間は、通常の地下鉄のトンネルとは違う。上りと下りの線路の間に得体の知れない建築が横たわっている。複雑怪奇な凹凸や、通路、階段、手すりなどがかすかに見える。それがかつてここにあった地下拠点を処理したものなら、五年くらいかかるかもしれない。

都営地下鉄が誕生したのは、第一次岸内閣が東京拘置所の早期移転を決定し、副都心構想を固めていた年である。私たちには知る由《よし》もないことかもしれないが、都営地下鉄の誕生も、その一連の計画の一つで、当時、閣議決定されていたということはないだろうか。

混迷する地下鉄ビジネス

東京朝日新聞は一九一五（大正四）年、「爆弾下のロンドン」という連載を開始している。まだ、空襲という言葉もなかった頃である。このコラムによれば、ロンドンの地下鉄駅は防空壕に早変わりし、救急医療の態勢を整えていたという。駅から一歩も出ない人のために弁当や菓子が売られていた。

第一次大戦が終結して年が明けると、東京に地下鉄を敷設しようという動きが一気に本格化している。まずは事実経過から。

一九一九（大正八）年一月八日、いまの小田急電鉄が政府に地下鉄計画を申請した。日比谷公園の下に地下鉄のターミナルを建設し、渋谷、新宿、池袋、上野へと四路線を敷設したいというものである。ただし、地下鉄とはいっても、車両は一両、時速は三〇キロ、当時、東京の道路を走っていた市電（後の都電）が地下を走る計画である。この時点での会社名は、東京高速鉄道という。

同年二月、三井財閥中心のグループがこれに続いている。小田急電鉄同様、路面電車が地下を走る計画である。神田須田町に拠点を設け、池袋、新宿、渋谷、五反田、新橋など、山手線の一の駅を地下鉄で結ぶとしていた。東京駅は含まれていない。この会社の名称は、東京鉄道である。

小田急と三井は少し前まで、実際に東京で路面電車を運営していた。東京市がその私鉄を買い取り、市電に統一していた。

この時期、さらに二つの私鉄が地下鉄を申請していた。早川徳次の東京地下軽便鉄道は、他社より一足早く、一九一七（大正六）年の申請である。区間は品川―浅草と、上野―南千住である。

もう一つは東急の前身・武蔵電鉄である。大倉財閥と渋沢栄一《しぶさわえいいち》が出資した会社だが、経営者は鉄道院から招きたいとしていた。そこで、当時鉄道院で私鉄の認可を扱っていた五島慶太に白羽の矢が立ち、五島はこの会社の常務に就任し、後の東急を築くことになる。このときは目黒―有楽町を申請していた。

この時期、私鉄四社の代表は、ちょっとした有名人だった。地下鉄という新しいビジネスは将来有望といわれ、投資家の注目を集めていた。多くの成金が誕生し、投資先を探していた。『東京地下鉄道丸ノ内線建設史』は、

各社の発起人はまんじ巴と入り乱れて狂奔《きょうほん》し、混乱状態を呈するにいたったとしている。

存在しないはずのルート

一九一九（大正八）年六月、内務省の東京市内外交通委員会が左のような計画を発表した。帝国鉄道協会と土木学会が一年半にわたって合同で研究した成果だという。点線が地下鉄の計画である。

浅草―新橋の点線に矢印がある。都営浅草線に一致する計画である。同線は現在、昭和通りの下を走っているが、この時代には昭和通りはない。この点線は外堀の下を走る地下鉄である。

山手線の目黒から白金へと点線が延びている。都営三田線に一致している。山手線の巣鴨と白山の間にも点線がある。ここも都営三田線に一致している。

渋谷―溜池間の点線には、戦後、首都高三号、日比谷線、南北線が敷設されている。首都高三号は点線の通りだが、渋谷の手前、青山学院周辺は、いまだにこのような道路は敷かれていない。当時、道路のないところに地下鉄が計画され、そこに首都高が敷設されたということである。

この計画の第四線は「新宿・葵線」という。いまの西武新宿から市谷監獄、四谷までが高架鉄道、四谷―伏見宮邸―赤坂見附―溜池間は地下鉄である。市街地と公有地の下を、地下鉄が一直線に走る計画である。

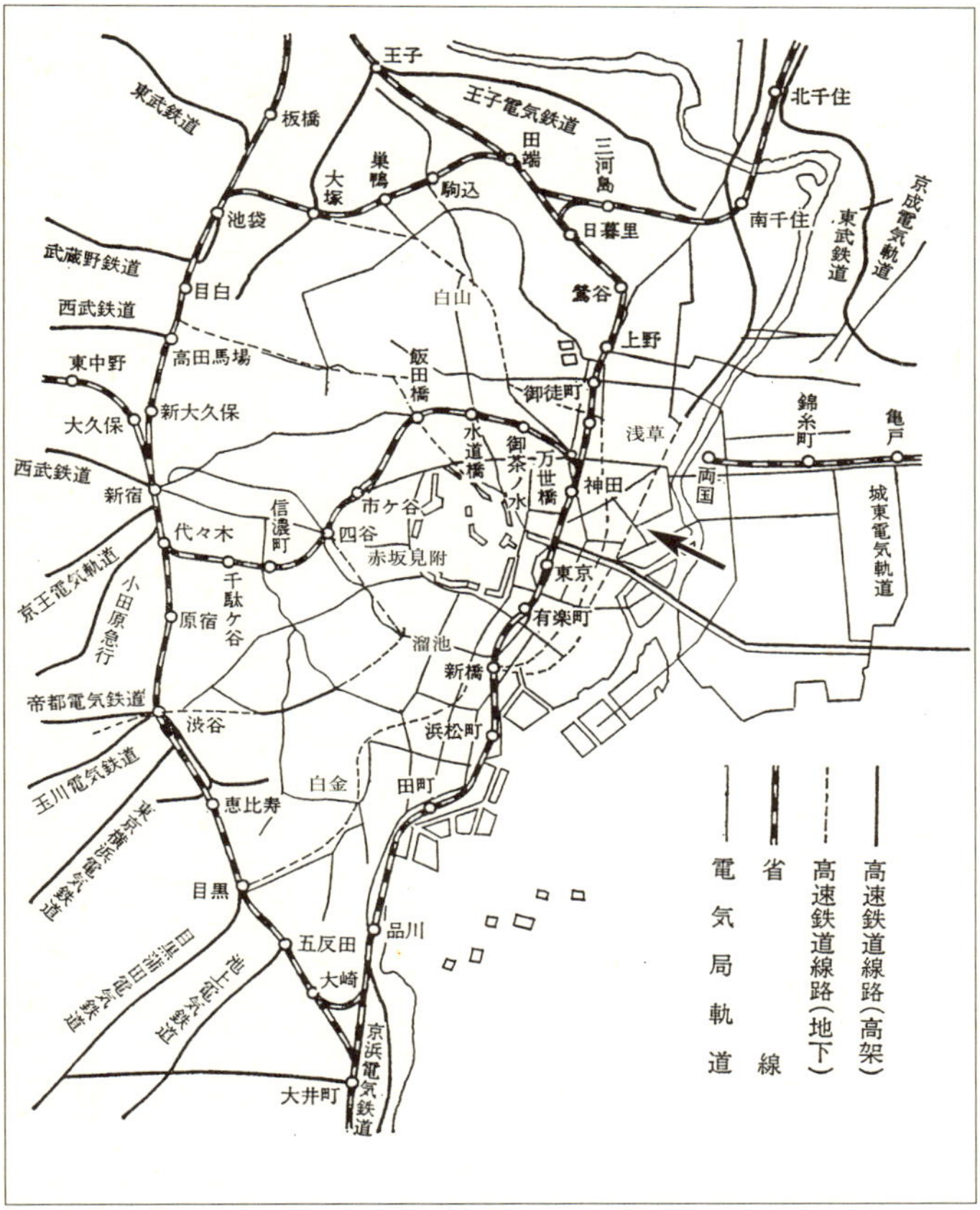
王子
北千住
東武鉄道
板橋
王子電気鉄道
田端
三河島
巣鴨
大塚
駒込
池袋
南千住
東武鉄道
京成電気軌道
日暮里
武蔵野鉄道
目白
鶯谷
西武鉄道
白山
上野
高田馬場
飯田橋
御徒町
東中野
新大久保
錦糸町
亀戸
大久保
浅草
水道橋
御茶ノ水
万世橋
西武鉄道
神田
両国
新宿
信濃町
市ケ谷
城東電気軌道
代々木
四谷
赤坂見附
東京
京王電気軌道
小田原急行
千駄ケ谷
原宿
有楽町
溜池
新橋
帝都電気鉄道
渋谷
浜松町
玉川電気鉄道
白金
田町
恵比寿
東京横浜電気鉄道
目黒
品川
五反田
目黒蒲田電気鉄道
池上電気鉄道
大崎
京浜電気鉄道
大井町
高速鉄道線路（高架）
高速鉄道線路（地下）
省線
電気局軌道

昭和通りルート

政府と東京市との対立

この計画が発表されたときは、私鉄関係者も大きく肩を落としたといわれている。内務省の方針は国家方針であり、小田急、三井の計画とはまったく異なっていた。このような地下鉄が建設されるなら私鉄の地下鉄はジャマな存在に違いなく、認可が与えられるとは考えられなかった。

一九一九年七月、東京市議会は小田急、三井の計画の不許可を決定した。東急についても年末に不許可を決めている。当時、東京市と私鉄の間には、電車（市電）に関する取り決めがあり、山手線の内側は東京市の市電だけで、私鉄は外側という棲み分けがなされていた。にもかかわらず、小田急、三井、東急の申請は、山手線の内側を走るもので、取り決めに反しているということだった。

九月、市議会は七路線の市電が地下を走る地下鉄計画を発表した。東京市は七路線を一五年で完成させ、その頃には唯一承認していた早川の路線も買収するとしていた。新聞各紙はその地下鉄網を一面に掲載し、東京の地下鉄は市営（いまの都営）に統一されると伝えていた。

だが、翌一九二〇（大正九）年三月、政府・内務省は、衝撃の決定を下している。私鉄四社に地下鉄の認可を与え、東京市の計画は全面的に却下された。小田急、三井、東急については、市議会が不許可を決めていたが、政府の強権が発動され、決定が覆されていた。

当時、地方自治体は内務省の傘下にあった。市議会が何を決定しても、内務省が承認しなければ効力はなかった。大正時代はデモクラシーで知られているが、このとき市議会は死んだも同然だった。

これが認可をめぐる事実経過である。いまの常識では考えられないような話だが、まったく説明がつかないわけでもなかった。では、この動きのウラについてである。

山県有朋vs.立憲政友会

市議会の決定を覆し、私鉄に認可を与えていたのは、原敬《はらたかし》内閣である。立憲政友会の総裁・原敬は、初の本格的な政党内閣を組織したことで知られている。国民に選挙で選ばれた衆議院議員が首相になったのは、原がはじめてである。平民宰相などと呼ばれ、国民にも人気が高かった。

原敬

また、原敬は薩長の支配を終焉に導いたといわれている。首相在任中、原が死闘を演じていた相手は、長州のドン・山県有朋である。もちろん、それは原敬に限られた話ではなく、自由党、憲政会、立憲政友会のリーダーらは明治政府の最高権力者である山県と代々戦ってきた。

後藤新平

明治中期から大正にかけて、薩長が交互に政権を握っていた。原敬の前の首相は寺内正毅《てらうちまさたけ》、長州の陸軍元帥である。寺内内閣の内務大臣は後藤新平《ごとうしんぺい》、大正期を代表する政治家である。後藤は原とともに薩長の支配を終焉させたが、数年前までは二人とも両派の争いの中心にいた。

後藤が鉄道の線路幅には広軌《こうき》（鉄道線路のレール間隔を表す軌間《きかん》が標準軌の一四三五ミリを超えるもの）を採用すると閣議決定しても、次の政権で原が狭軌《きょうき》（軌間が標準軌未満のもの）に戻してしまう。後藤が再び広軌と決め、原がさらに覆す。二大勢力の政権交代制は、殴り合いのような状況を呈していた。

地下鉄の認可をめぐる動きは、この影響を強く受けていたようである。一九一七（大正六）年、後藤新平は帝国鉄道協会と土木学会を召集し、東京市内外交通委員会を組織することを決定した。召集したのは、自他ともに認める後藤の腹心・水野錬太郎《みずのれんたろう》内相である。それに先立って後藤は内務省に都市計画課を設置し、国会議事堂の建設に向けて臨時議院建築局を創設している。

当時、後藤は都市計画の第一人者で、先の委員会の地下鉄計画は、その都市計画の一部として作成されていた。この時期、後藤が東京の都市計画を再構築していたのは、ロンドンとパリが空爆されていたからである。東京を防空都市、不燃都市へとシフトさせようという計画が進められていた。

が、突然の米騒動で内閣が瓦解し、原敬が首相に就任した。委員会の地下鉄計画は葬られ、私鉄の申請が相次いだ。

小田急の祖・利光鶴松《としみつつるまつ》は、かつての立憲政友会の重鎮である。年はほとんど変わらないが、原敬にとっては大先輩にあたる。利光は財界に転身して一代で財閥を築き、以後、政友会を援助していた。

三井財閥は、政友会発足以来の一大スポンサーである。初代総裁に招かれた伊藤博文《ひろぶみ》が、創立パーティに三井物産の創業者である益田孝《ますだたかし》を連れてきたといわれているが、当時、勢力を二分していた大隈重信《おおくましげのぶ》の立憲同志会、中正会は、三菱財閥がスポンサーで、三井と政友会の接近は必然的な流れだった。政友会は、星亨《ほしとおる》を失って以来衰退の一途をたどり、当時国会ではなんとか第一党の座を保っていたが、東京市議会は、宿敵・大隈重信の手に落ちていた。

伊藤博文

五島慶太は東京高等師範学校を卒業した後、東大に入り直している。いまでいう国家公務員I種試験に合格して農商務省に入り、鉄道院に異動した。エリートコースを歩んでいたが、四年の遅れはどうしようもなく、日頃から不満を抱えていたという。

大隈重信

「経営者を招きたい」という申し出に対し、原内閣の内相・床次《とこなみ》竹二郎《たけじろう》はすぐに五島の名をあげ、五島も快諾している。原内閣の秘密兵器というところだろうか。

私鉄四社のなかで早川だけは、前政権に地下鉄を申請している。もともと早川は後藤新平を師と仰いで満鉄（南満州鉄道）に入社し、後藤が鉄道院の総裁になると、満鉄をやめて鉄道院に移っている。後藤直筆の掛け軸を家宝にしていたという筋金入りの後藤一派で、他の私鉄とは一線を画す存在だった。早川が申請していた「品川―浅草」は、新橋、上野経由だったといわれているが、確たる証拠はどこにもない。申請は非公開である。委員会案の点線・第一線に一致していた可能性も否定できない。

小田急と三井の関係者は、当初、申請は認可されたも同然と考えていた。政友会内閣が認可しないはずがなかった。各社の発起人が狂奔し、混乱状態を呈していたのもそのためではないだろうか。私鉄の代表者が新聞に取材されていたが、原敬は政界入りするまで新聞社の社長を務めていた。

だが、東京市内外交通委員会の計画発表で状況が一変している。この委員会は原内閣のコントロールから外れ、独自に調書を発表した。

当時は、地下鉄工事はこれからという時代で、地下鉄の交差部分などはどのくらいの強度があるかわからず、内務省はできるだけ避ける方針を立てていた。それゆえ、委員会案でも地下鉄は交差していない。実は、小田急、三井の計画は、委員会案の地下鉄と随所《ずいしょ》で交差する。つまり、二つの計画が両立することはなかった。

委員会案の第四線「新宿・葵線」は次のようなルートになっている。

新宿―市谷谷町―四谷伝馬町―伏見宮邸―弁慶橋―葵町

一見、何の変哲もない計画のようだが、四谷伝馬町は赤坂離宮の前である。伏見宮邸には地下鉄駅が建設される予定だった。当時、弁慶橋を渡った所には閑院宮邸、その先には枢密院があった。

地下鉄計画に「伏見宮邸」とあるのは、伏見宮の賛同を得ていたからである。つまり、この計画は単なるプランではなく、沿線の承認を得ていたということである。そうなると計画をやめるわけにはいかない。しかも、この計画はおそらく極秘に進められていたものである。

委員会がそれを発表した理由は、明らかである。この計画が採用されないからである。見る人が見れば、この計画が天皇家、皇族の承認を得ていたとわかる。現内閣がその計画に反対していることもわかる。計画図には何も書かれていないが、「錦《にしき》の御旗《みはた》（官軍の旗）」がついていたということである。かつて幕府を倒したときも、大隈を政府から追い出したときも、長州はこのたぐいの手を使っていた。ときの首相をも震え上がらせる一発、禁じ手すれすれの倒閣工作だった。鉄道と土木の専門家のチームがこの計画の発表を決定できるはずもない。後藤か、山県が控えていたはずである。寺内の後継に原の名があがったときから、山県は強く反対していた。山県は政党というものを嫌い、私鉄というものを憎悪《ぞうお》していた。それゆえ渾身《こんしん》の一打が炸裂したのだ。追い討ちをかけるように、市議会が私鉄の申請を不許可としていた。当時、市議会の覇権を握っていたのは、大隈である。政友会系の私鉄が三社とも不許可とされていたのは、そのためである。その後、発表された東京市の地下鉄計画は、後藤一派の電気局長が作成したものである。

先の委員会計画の点線には、その後、銀座線、日比谷線、都営浅草線、都営三田線、首都高などが敷設されていることから、一度は発表されたものの、政府の極秘地下計画として正式に採用されたのではないかと思う。戦後の地下鉄、首都高の計画とあまりにも一致しているからである。

にもかかわらず、わが国きっての政治家といわれる原は、ここから事態を立て直し、私鉄四社に認可を与えた。左がその図である。右手の方向が北である。

小田急電鉄は、日比谷から、渋谷、新宿、池袋、上野へと地下鉄を申請していたが、認可され

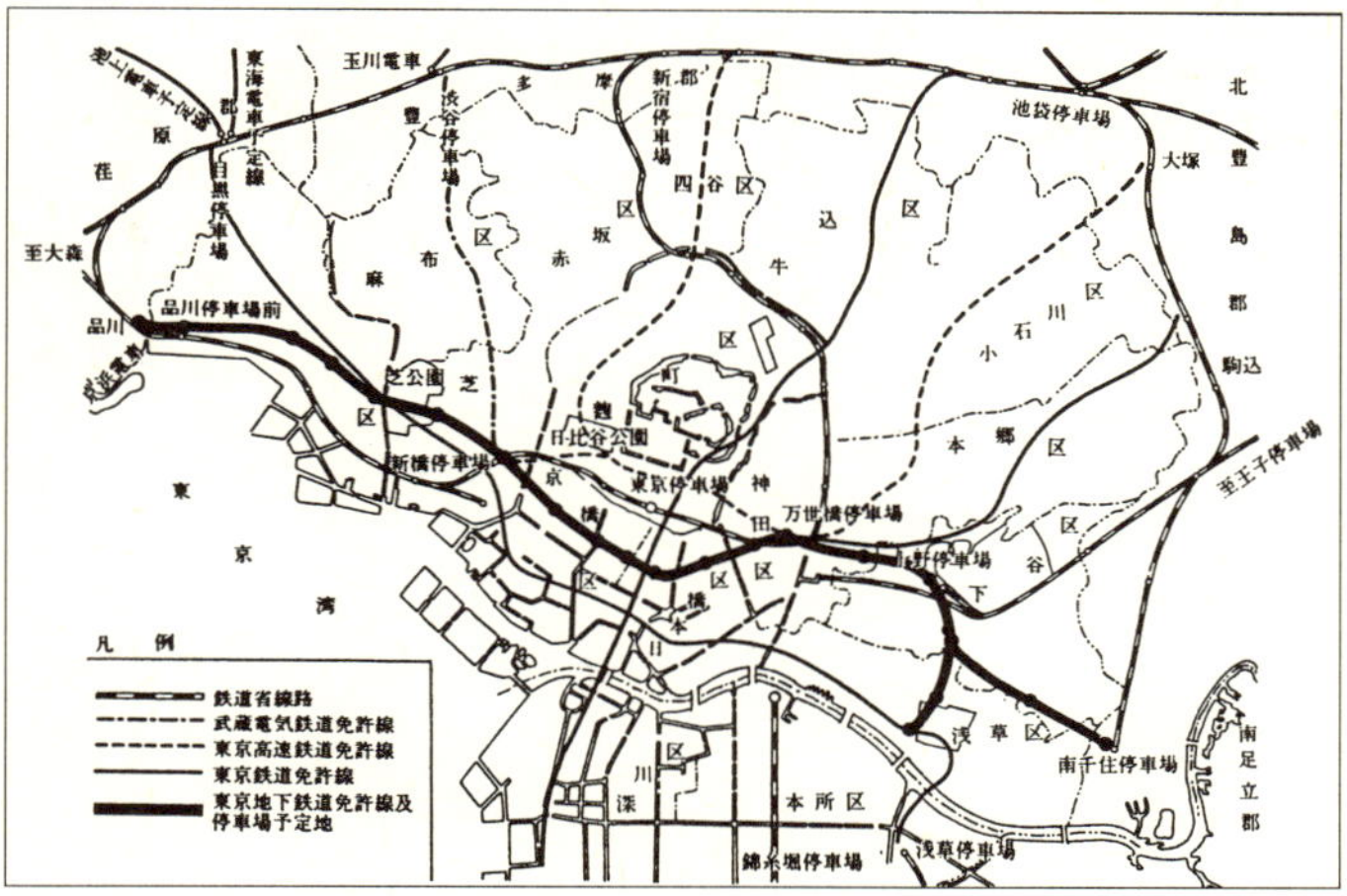

認可図

たのは、日比谷―新宿、日比谷―大塚である。終点が変更され、途中のルートも変更され、道路の下を走るルートでもない。申請とはまったく別物である。

三井に認可が与えられたのは、いまの都営浅草線の新橋―浅草と、都営三田線の目黒―三田―日比谷、巣鴨―白山などだが、三井はこの後すぐに地下鉄からの撤退を決め、東京市に認可を売却している。

原内閣は委員会案の計画路線を各社に振り分けることで、面目を保ったのだと私は思う。危機管理上の配慮により、認可の図は正確に書かれていないのではないだろうか。内閣存続の危機を脱した原内閣が東京市の計画を全面的に却下していたのは、市議会の背後に宿敵・大隈がいたからである。

都営浅草線はいつからあったのか

翌年、原敬が暗殺され、二年後には山県が他界し、三年目に東京市議会で次のような発言があった。

後藤新平が東京市長に就任し、虎ノ門—竹橋に地下鉄を敷くと発表した後のことである。地下鉄の予算が七〇〇〇万円だと聞いて、坪野房治市議が以前の路面電車の計画について話している。これは、都営浅草線のルートに一致するものである。

左の地図を参考にしていただきたい。

大正九年の一二月に本市会におきまして、汐留から人形町に至るところの路面電車の敷設が決議致されたのであります。（中略）一〇年度に汐留駅から三原橋までを開通させ、一三年度から、三原橋から人形町すなわち京橋日本橋の中央区域を通りまして、人形町に至る線路が予定されております。この費用がその九年当時に七〇〇〇万円以上、計上されております。（中略）非公式に電気局の当局者にうかがいましたところが、一〇〇〇〇万円以上の経費がかかるということを言明されております。

都営浅草線のルート図

汐留駅というのは、いまの都営浅草線の新橋駅付近である。三原橋は都営浅草線の東銀座駅付近、人形町という地名は変わっていない。東銀座と人形町では、都営浅草線が日比谷線と交差している。二度も交差しているのは変わっている。さらに坪野市議の発言である。

私はこの案（虎ノ門―竹橋の地下鉄）が通過するとともに脅威を感じつつあることは、かの商業区域の人たちが決議はされたが、少しも実行されていない。一〇年度に開通するという案を立てられましたところの三原橋から汐留駅に至る線も少しも着手されておりませぬ。いわんや、一三年度における三原橋から人形町に至る線はほんの予定だけに止まって何ら計画をしていない。

新橋―三原橋間には、結局、市電の線路は敷かれず、戦後もこの区間には都電は走っていなかった。だが、米軍が一九五三（昭和二八）年に製作した地図には、矢印の先に線路が書かれている。左の地図では銀座線と同じ広軌の線路幅である。

公式の銀座線は中央通りを走っていたが、私は、極秘の銀座線のターミナルが三原橋（東銀座）にあったと思うが、どんなものだろう。

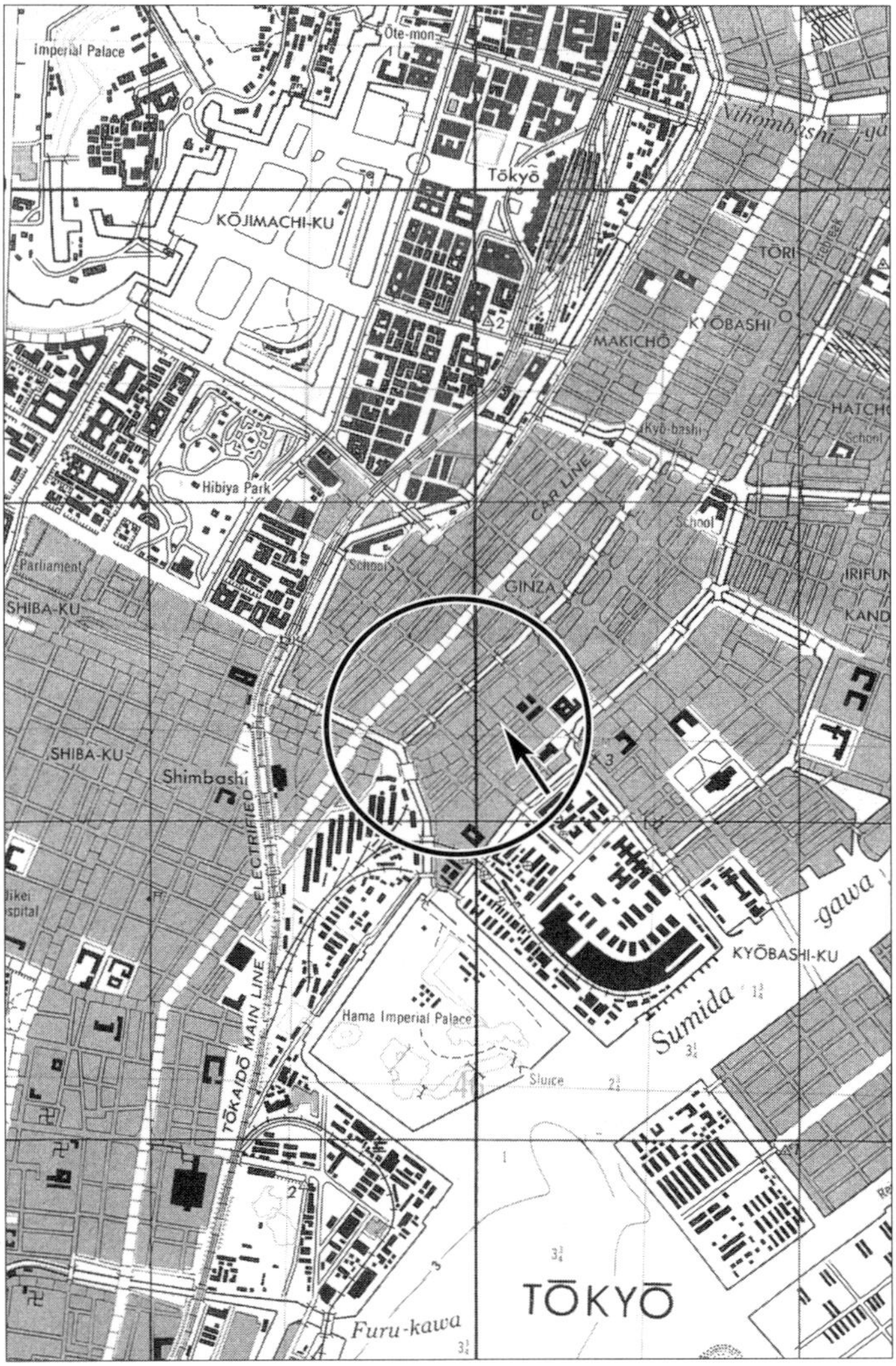
Imperial Palace
Ōte-mon
Tōkyō
KŌJIMACHI-KU
TŌRI
KYŌBASHI
MAKICHŌ
Kyō-bashi
School
CAR LINE
Hibiya Park
Parliament
SHIBA-KU
GINZA
SHIBA-KU
Shimbashi
ELECTRIFIED
TŌKAIDŌ MAIN LINE
Hama Imperial Palace
Sluice
KYŌBASHI-KU
Sumida
-gawa
Furu-kawa
TŌKYŌ

GHQ地図　三原橋周辺

四年目には「地下鉄建設に向けての動きが見られない」として、政府・鉄道省は、小田急、三井、東急に与えた認可を取り上げた。だが、小田急の認可はすでに新宿—小田原の地上の鉄道に変更され、地下鉄の認可は残っていなかった。また、このときの政府の措置について、五島は後年『五島慶太伝』で次のように語っている。

しかし、これは単なる表面上の理由であって、実は大震災後における東京市内の交通を、東京市で独占しようとする当時の後藤市長の計画の犠牲となったものである。当時、当社はかくのごとき苛《か》酷《こく》なる免許失効に対してその不当なることを力説し、抗議したのであるが、ついに当局の容《い》れるところとはならなかった。

つまり、地下鉄を建設していたにもかかわらず、トンネルも線路も認可も奪われたということだと思う。

五年目に東京市が四路線の地下鉄を申請し、一〇日後に認可が与えられている。小田急、三井、東急の認可が、東京市の手に渡ったということである。この時期、東京市の主任設計士が早川の私鉄に出向し、東京市と早川の私鉄は同時に着工を迎えている。

七年目、早川の地下鉄の浅草―上野間が開通したが、東京市の地下鉄はなぜか、まったく建設されなかったとされている。

九年目に他界した後藤新平は、地下鉄について次のような言葉を遺している。

地方自治体にはできないことがある。私鉄には、やらせられないことがある。

なぜ、後藤が早川の私鉄を特別扱いしていたのか、東京市の地下鉄がまったく建設されていないとされたのはなぜか。この言葉に真相を解明するためのカギがあるかと思う。原内閣が五島を私鉄に出していた理由も同じことだったのかもしれない。

早川が浅草―新橋間を開通した後、五島が渋谷―新橋間に地下鉄を建設し、レールをつなぐよう求めたことで、地下鉄騒動がはじまった。『五島慶太伝』には次のようにある。

そこで私はレールを新橋駅において直結することを懇願《こんがん》したが、早川氏は頑《がん》として承知せず、新橋駅にて乗り換えるか、しからざれば昭和通りを経て浅草にいくことを主張して譲らなかったのである。

これは早川の私鉄を買収することになった経緯を説明しているくだりだが、そのとき早川が主張していた「昭和通りを経て浅草にいく」ルートがいまの都営浅草線である。もちろん、公式の歴史では、戦前から走っていた地下鉄は銀座線だけで、都営浅草線のトンネルは戦後に建設されたことになっているが、それでは、この話はどうにも意味が通じないのである。昭和通りに何のトンネルもなかったとすれば、早川の主張は、

「新橋駅で乗り換えるか、そうでなければ、新橋から浅草まで地下鉄を建設しろ」

ということになる。

乗り換えの話と、地下鉄建設というまったく次元の違う話を「そうでなければ」という言葉でつないでいるのである。この二つから一つを選べというのでは、何がいいたいのかまったくわからない。

昭和通りに本当に何も敷設されていなかったら「昭和通りを経て浅草へ行け」というのは、大きなお世話である。どの通りを経てどこへ行こうと五島の勝手で、早川にそんなことまでいわれる筋合いはないはずである。

そもそも、早川は予言者ではないから、戦後に建設される地下鉄のルートや終点までいい当てることなど、できなかったはずである。昭和通りは上野へ向かう道路で、普通は浅草という地名は出てこない。昭和通りの下には、私は、この頃からトンネルが完成していたとしか思えないのである。

内務省委員会案の第一線は、早川に認可が与えられた。「品川―浅草」という地下鉄の認可には、途中の経由地は書かれていない。上野経由か、三原橋、人形町経由かという詳細は、政府との交渉で決定される。鉄道の認可には地上と地下の区別はなく、線路の本数にもとくに制限はない。一つの認可で銀座線と都営浅草線を建設し、必要とあらば、道路の上に路面電車の線路を敷くこともできる。

その認可はつまり早川が持っていたが、坪野市議のいうとおり、市議会で路面電車の敷設が決議され、七〇〇万円の予算が下りた。東銀座―人形町間に地下鉄を建設したのは、おそらく東京市電気局である。戦後、それゆえ都営浅草線と日比谷線は東銀座と人形町で同時工事を行っていたのではないのか。

都営浅草線の新橋―浅草間は、つまり、東京市が建設していた。黒字を計上するまでに五〇年もかかったが、二〇〇四年は五五億五〇〇〇万円もの利益を上げている。銀座線の一〇〇億円には及ばないが、つまり、トンネルは金である。膨大な資金と時間をかけて建設したトンネルを、営団にそっくりとられてはたまらない。

長州出身の岸首相は、後藤、早川、東京市にシンパシーを感じて当然である。公式の席では口にしなくても、私鉄が極秘に建設したトンネルは「P線」という制度で私鉄に返却し、東京市が極秘に建設したトンネルは「都営地下鉄」を誕生させて返却すると決めたのではなかったのか。

地下鉄騒動で早川が主張していたのは、つまり、次のようなことである。

「新橋駅で乗り換えるか、そうでなければ、銀座線のトンネルの壁の向こうに、都営浅草線という地下鉄が完成しているから、そっちに線路をつなげ。都営浅草線は、昭和通りを経て浅草へ行く地下鉄だ」

ということである。もちろん、当時は銀座線とか、都営浅草線という名称はなかったことは説明するまでもない。

戦前の都営浅草線は、国民には極秘の地下鉄だった。当然、軍部なり内務省なりの承諾がない限り、五島は線路をつなげない。だが、早川は銀座線にすべてを捧げたような男だから、そのくらいのことはいいかねなかった。軍部や内務省などとは違って、早川は極秘地下鉄には何の興味も愛着もなかったのだと思う。

第五章　新宿・都営軌道

新宿プリンスホテルにつながる地下道

新宿駅周辺の地図が左にある。矢印のついた、山手線の線路わきに建てられた細長いホテルが新宿プリンスホテルである。宿泊客が車で来ると、このホテルでは地下駐車場に案内され、深夜一一時になると、出入口のシャッターが閉まると説明がある。

「それは困る。一一時には戻れそうもない」

というと、フロントの女性は微笑を浮かべて次のようにいう。

「ご安心ください。そのときは新宿三丁目のアドホック地下駐車場に入っていただきますと、サブナードという地下街の下を通り抜けまして、当ホテルの駐車場まで、おいでいただくことができます」

え？　と思わず聞き返してしまいそうな話である。ホテルはプライバシーを大切にするから、地下駐車場が他の駐車場とつながっているとは思わなかった。

新宿プリンスホテルとアドホックとの距離は、ざっと五〇〇メートル。その間にトンネルが完成しているということである。

そのトンネルは戦前からあったと私は思っている。この章では、新宿と地下鉄の歴史を振り返ることにしたい。

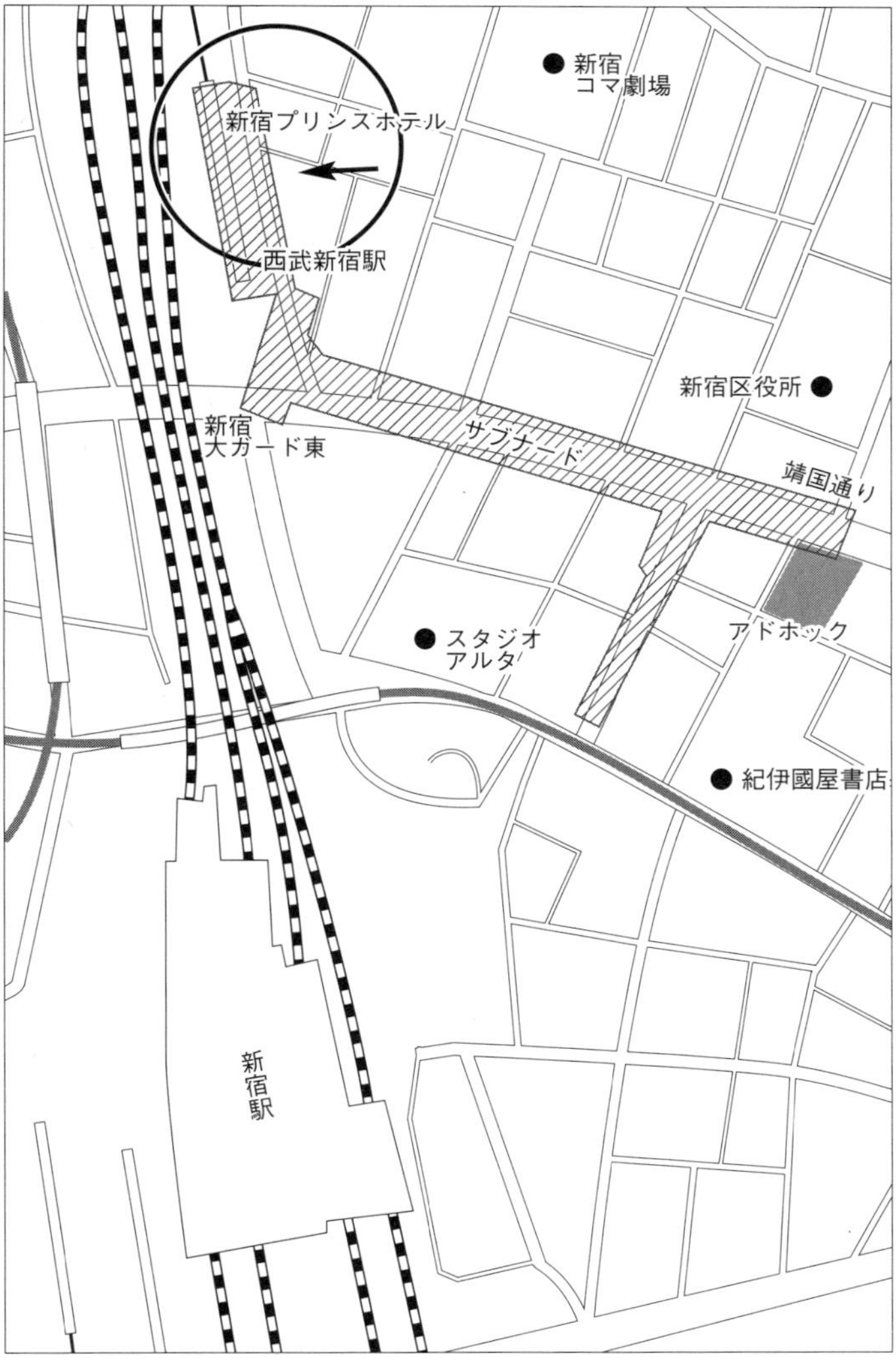

新宿プリンスホテルにつながる地下道

一九一九（大正八）年、内務省東京市内外交通委員会は「新宿・葵線」と呼ばれる路線を発表した。新宿から四谷までは高架、四谷—溜池間は地下を走る計画である。この路線は新宿で西武鉄道と連絡することになっていた。その連絡ポイントこそ、いまの新宿プリンスホテルである。西武の創業者・堤康次郎《つつみやすじろう》と後藤新平が懇意《こんい》だったことは広く知られている。

堤康次郎

が、地下鉄の認可を手にしたのは、小田急電鉄である。日比谷—新宿間に認可を得た後、同社が原内閣に提出した地下鉄のルートと送電経路が描かれた図が左にある。山手線と中央線が描かれ、下書きのようだが、地下鉄新宿駅の予定地は、いまのプリンスホテルである。

設計者しか知りえない意図

左図では新宿の次は新宿御苑前、続いて四谷三丁目、四ツ谷である。それは、戦後に建設された丸ノ内線と同じである。その四ツ谷駅に注目していただきたい。ＪＲの駅から少し西に外れた所にあって、しかも、ＪＲの線路の上である。これは丸ノ内線の四ツ谷駅の場所である。

公式の記録では、小田急は地下鉄を建設していないとされているが、この図が本当にただの机上のプランだったら、地下鉄四ツ谷駅をわざわざＪＲの駅から外れた所にするとは思えない。

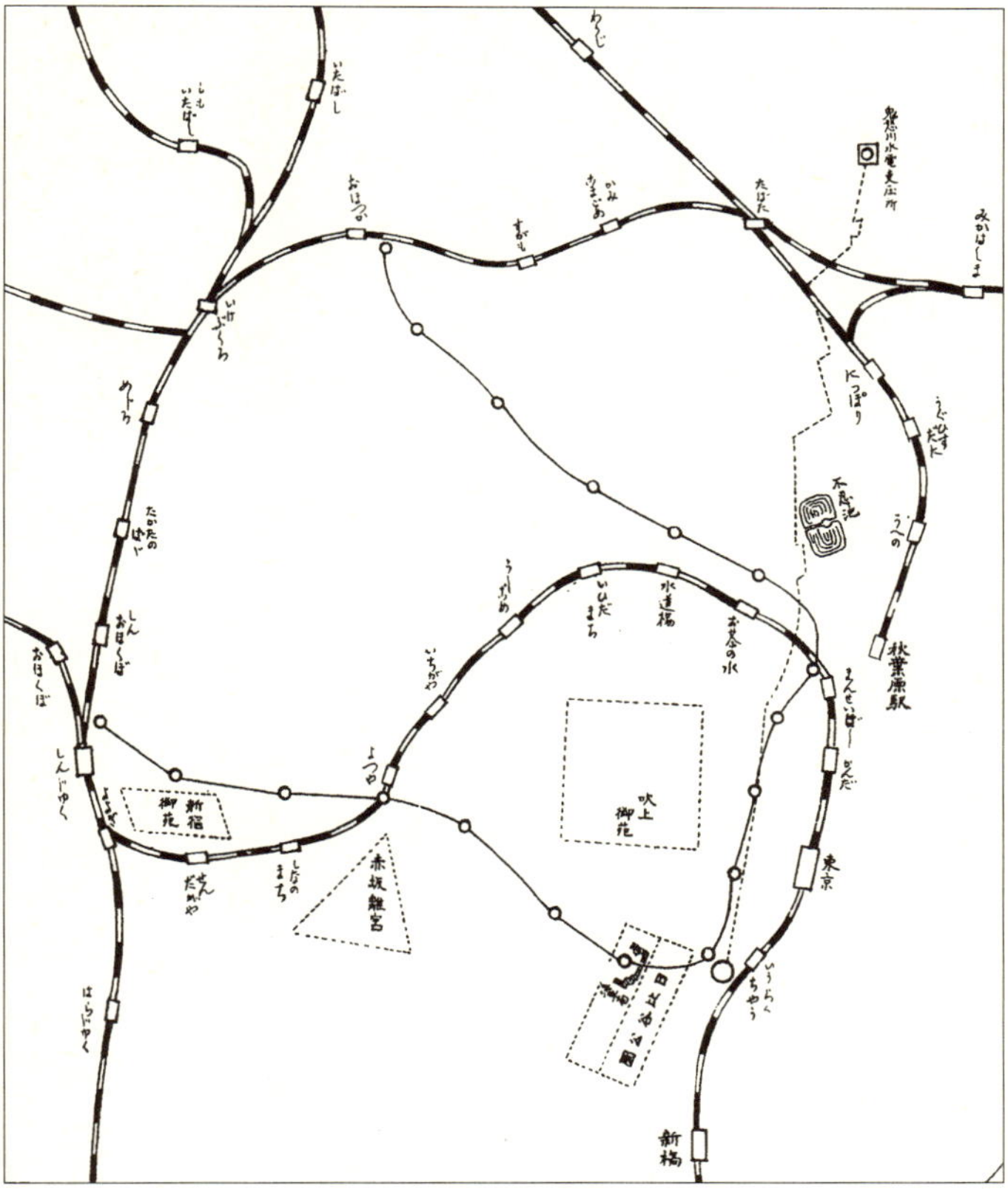

いたばし
しもいたばし
おはつか
すがも
かみふまごめ
わらじ
たばた
みかはしま
いけぶくろ
めじろ
たかたのばゞ
しんおほくぼ
おほくぼ
にっぽり
うぐひすだに
うへの
秋葉原駅
うしごめ
いひだまち
水道橋
お茶の水
いちがや
よつや
まんせいばし
かんだ
吹上御苑
しんじゆく
新宿御苑
ちんだがや
しなのまち
赤坂離宮
東京
ゆうらくちやう
日比谷公園
はらじゆく
新橋
不忍池

利光送電図

たとえは悪いかもしれないが、殺人事件の捜査などで犯人を特定する際、「犯人しか知りえなかったこと」という話がよく出てくる。この図の四ツ谷駅がそれにあたると思う。地下鉄の四ツ谷駅を実際に建設する段階まで進んでいない限り、こんな所に駅を書くことはないはずである。

このときの小田急の図には、吹上御苑、赤坂離宮、新宿御苑、日比谷公園、海軍省、それに山手線と中央線しか書かれていない。下書きのようにシンプルな地図だが、それだけに、当時、地下鉄が誰のためにあったのか、何が求められていたのかがよくわかるのではないだろうか。

小田急電鉄は日比谷公園を拠点にするとしていたが、この図を見る限り、拠点はどうやら海軍省に移されていた。海軍省の中庭にターミナル駅があるのを見れば、それは国民が利用できる地下鉄ではなかったと見当がつく。つまり、地下鉄はこのときはまだビジネスではなかったにもかかわらず、すでに小田急は送電経路を計画し、四ツ谷駅を実施設計していたということである。

小田急電鉄は一九二〇（大正一九）年、新宿—大塚間の地下鉄の認可を、東京—小田原間の延長変更を願い出、翌年には、起点を新宿三丁目、いまの都営新宿線の新宿三丁目駅に移すとしていた。一九二三（大正一二）年には、それと前後して、東京市が次のような地下鉄計画を申請している。この計画を立てたのは当時、東京市長だった後藤新平で、市議会は満場一致でこの案を可決している。

第三十三号　電気軌道線路新設特許申請に関する件

左記電気軌道線路の新設に関し特許申請を為すものとす。

一、赤坂区葵町二番地先に起こり、虎ノ門公園に至る道路

前項終点より同公園東角に至る新設軌道敷

前項終点より地下に入り、道路下を桜田門外において右折し、日比谷公園有楽門を左折し、濠端に沿い、東京駅前を右折し、同駅前広場を経て駅前道路下並びに濠下を過ぎ、大手町一丁目三番地先において道路上に出づる隧道《すいどう》

（後略）

内務省委員会案の「新宿・葵線」の終点から、東京駅へと向かう地下鉄だったということである。半年後、いまの京王電鉄から、認可されたルートを次のように変更したいという申請が行われている。新宿三丁目の起点から新宿プリンスホテルまで行って方向を転換し、千駄ヶ谷・国立競技場前駅付近へと向かいたいというもので、いまの大江戸線のルートに重なる。

特許命令一部変更許可願

当社電車線路起点の儀明治四十年六月二十五日内務省東甲第四一号をもって特許相蒙《あいこうむ》り、同命令書第一条第一項により東京府豊多摩郡内藤新宿町四十八番地先、行政区画の変更により、東京市四谷区新宿三丁目四十八番地先に御座候えども同所は、国道上に乗客輻輳《ふくそう》の場合は貨物取り扱いの際は、一般の交通に支障を及ぼし候のみならず当社事業上の不便も少なからず候につき同所五三番地とし、新設軌道敷に変更致し度候間其の恐縮の至りに御座候へども特許命令中第一条第一項

一、東京市四谷区新宿三丁目五三番地に起こり、同四一三番地に至る新設軌道敷

前項終点より東京府豊多摩郡淀橋町を経て大字千駄ヶ谷新町九三一番地に至る国道と変更の儀特別の御詮議をもって御許可被成下度別紙図面相添え此段奉願也

乗客にジャマにならないよう「新設軌道敷」をつくりたいというもので、この申請は認められたにもかかわらず、その後、京王はいまの新宿プリンスホテルへ、さらに千駄ヶ谷へと地上に線路は敷いていない。そもそも、京王からすれば、新宿から千駄ヶ谷へと貨物の線路を敷いても、千駄ヶ谷ではほとんど何の商売もできなかった。いまの国立競技場周辺は、当時は陸軍の練兵場だったからである。地下鉄がすでにビジネスではなくなったにもかかわらず、小田急は海軍省の

中庭にターミナル駅のある地下鉄の送電経路図を提出し、京王は千駄ヶ谷へと貨物のための「新設軌道敷」を申請していたということである。

新宿大ガード

浅草、新橋、人形町が震災で壊滅し、東京の盛り場は一変した。一九二五（大正一四）年、新しい新宿駅が完成するとともに東口の二幸前（現・アルタ前）に市電の線路が延伸し、青バスのターミナルがつくられ、西武鉄道が開通した。新宿東口に突如として未曾有《みぞう》の雑踏が現出したのだという。

あの明るい白いタイル張りの新宿駅の地下道は、機械文明の明るい氾濫だ。早朝から深夜まで間断なしの人間の群、カバンを持ったサラリーマン、お弁当片手に和服、かかとの高い靴をはいた女事務員、女車掌、プロ芸術家、イートン・クロップに刈り込んだ前髪が三筋ばかり垂れ下がっている洋装のモダンガールが、紅棒でやけにこすりつけた唇をゆがめ、肩で風を切って群衆のなかを泳ぐ。

東京日日新聞の新宿特集である。

遊郭は三味線のかわりにレコードを回し、ダンスホールではアッパッパーを着た娼妓《しょうぎ》が相撲取りのような腕で酒を注ぎ、カフェーは銀座より俗っぽかったということだが、その間に三越、伊勢丹が相次いで進出し、中村屋は喫茶部を設け、材木問屋だった紀伊國屋は書店に転向した。「月はデパートの屋根に出る」。新宿はわずか数年の間にまったく新しい盛り場、一大中心地になっていたという。

一九二四（大正一三）年、小田急、三井、東急の地下鉄認可が没収され、翌年、東京市に四路線の認可が与えられた。新宿方面に関しては、東京市は当初、左図の⑤のようなルートの地下鉄を申請していた。いま、プリンスホテルが建っている新宿駅の大ガードを起点とし、市街地、防衛庁、市谷、三番町、内堀を渡って代官町、皇居・蓮池濠から東京駅へというルートである。当時、いまの防衛庁の敷地に陸軍の士官学校があり、参謀本部の防空壕がつくられていたことは周知の通りである。

三番町の宮内庁分室付近には賀陽宮が邸宅を構え、代官町の東京国立近代美術館工芸館には近衛第一師団が陣取っていた。この地下鉄が千鳥ヶ淵を渡っているルートには、戦後、首都高が建設されている。蓮池濠と東京駅の中間には、当時、枢密院があった。いまでも旧枢密院や皇宮警察の本部がある。このようなルートをいったん申請した後、東京市はすぐに変更しているものの、私はこれが「地下鉄新宿線」の本命ではなかったかと思う。

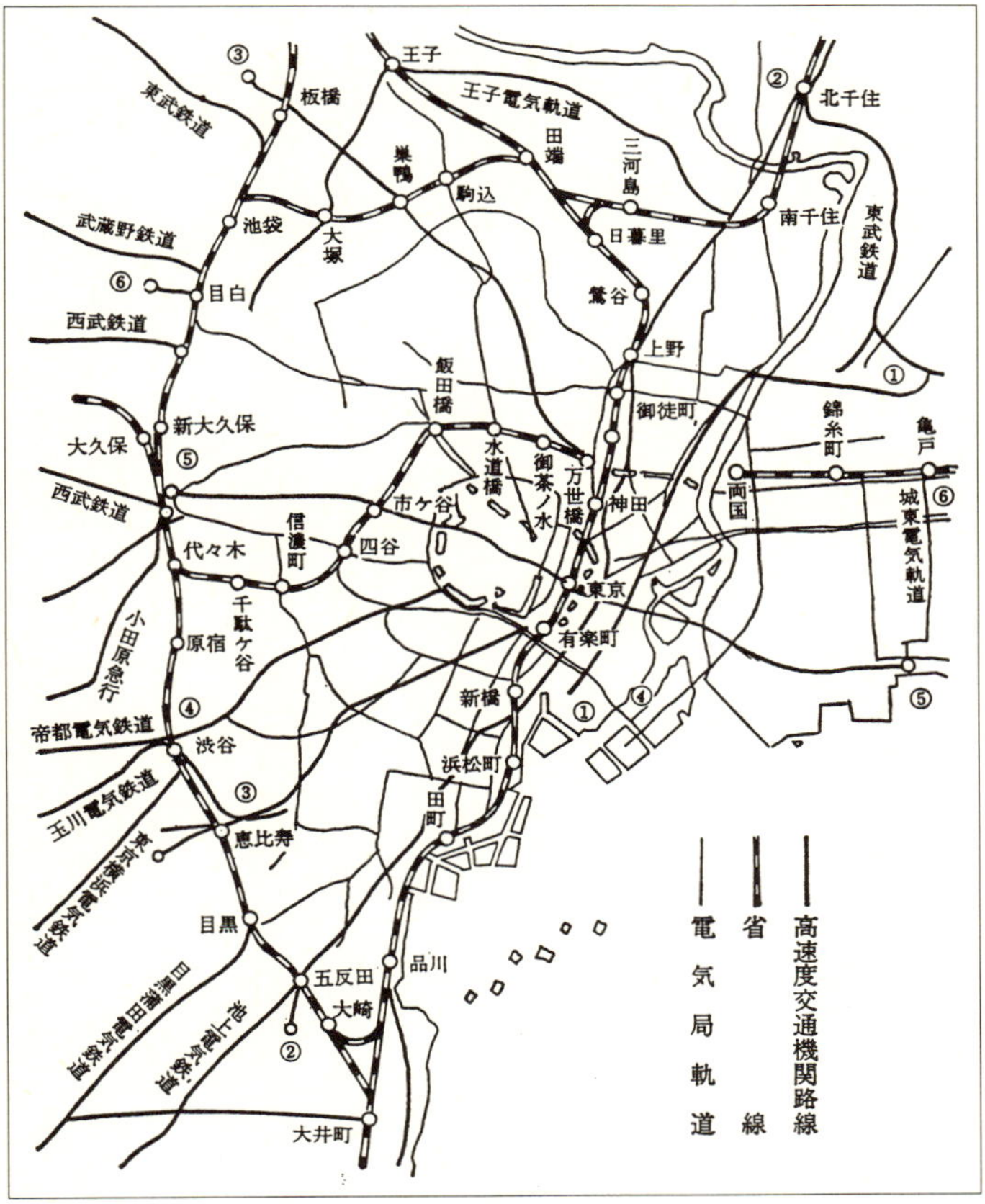
王子
王子電気軌道
北千住
板橋
東武鉄道
田端
三河島
巣鴨
駒込
南千住
東武鉄道
武蔵野鉄道
池袋
大塚
日暮里
目白
鶯谷
西武鉄道
上野
飯田橋
御徒町
錦糸町
亀戸
新大久保
大久保
水道橋
御茶ノ水
万世橋
両国
西武鉄道
市ヶ谷
神田
城東電気軌道
信濃町
四谷
代々木
東京
千駄ヶ谷
有楽町
原宿
小田原急行
新橋
帝都電気鉄道
渋谷
浜松町
玉川電気鉄道
田町
恵比寿
東京横浜電気鉄道
目黒
品川
五反田
大崎
目黒蒲田電気鉄道
池上電気鉄道
大井町
高速度交通機関路線
省線
電気局軌道

申請図　1925年

ターミナル化する新宿駅

内務省の委員会が一九一九年に大ガードに高架鉄道の駅を計画していたが、そこに地下鉄の認可を得たのは小田急電鉄だった。小田急は一九二一年に地下鉄の起点を新宿三丁目へ移す申請をしていたが、その直後、京王電鉄が大ガードへ「新設軌道敷」を敷設したいとしていた。この頃、東急の祖・五島慶太もこの大ガードへと線路を敷設していた。『五島慶太伝』から。

彼が鉄道省をやめて武蔵電鉄の建設に従事していたとき、のちに三井物産の社長となった南条金雄と、東京府知事阿部浩の二人が会いたいとのことで、芝公園にあった府知事の官舎に訪問したところ、南条がおり、自分は三井物産の関係でロンドン、アメリカ等海外に長くいて、日本のことを一向知らないうちに親爺が西武鉄道を引受けて、その建設もできず困っている。これを君が何とかしてくれないかとの話であった。(中略)彼は荻窪から新宿までの軌道を建設し、これを川越鉄道に合併したのである。

これが一九二五年、新宿駅東口に開通した西武鉄道である。戦後の西武、東急の争いは広く知られているが、西武鉄道を建設したのは東急の五島だったということである。西武鉄道は東口から大ガードまで北進し、ガードの下をくぐって西口・青梅街道を荻窪へと向かっていた。いまの丸ノ内線と同じルートだった。

小田急が日比谷―新宿、新宿―荻窪は三井グループ、三井がだめだということで東急・五島の登場と、政友会系の私鉄がそろい踏みしていた。

実は、東京市が地下鉄の認可を得る直前まで、早川の東京地下鉄道が「新宿―上野」の地下鉄を申請していた。以下のような申請である。

地方鉄道敷設免許申請

今般東京府荏原《えばら》郡大崎町五反田より同府南葛飾郡亀戸町に至る間、および東京府豊多摩郡淀橋町より東京市下谷区上車坂町に至る間に地方鉄道を敷設し、大正八年十一月十七日内閣監第四九〇号をもって免許せられたる地下鉄道の連絡線として旅客輸送の業を営み度に付御許可被成下度別紙関係図書相添此段申請候也

大正十三年一月十四日

東京市麴町区永楽町二丁目一番地

東京地下鉄道株式会社取締役社長

工学博士　男爵　古市公威

「淀橋町―上車坂町」というのは、いまの

「丸ノ内線西新宿駅―日比谷線上野駅」と考えて差し支えないと思う。大ガードを通過する地下鉄である。半年後、東京市が先の図の地下鉄を申請する直前、早川はこの申請を取り下げている。

つまり、当時の地下鉄関係者のほとんどすべてが、新宿駅の大ガードに地下鉄か、鉄道かを敷設しようとしていた。内務省の委員会にはじまり、小田急、京王、三井、東急、早川、東京市である。早川と東京市は、ともに帝都復興の事業に際して、地下鉄を敷設しようとしていたものである。

天皇の名がつけられた道

帝都復興の事業を指揮していたのは後藤新平である。後藤は震災の翌日に帝都復興院の総裁に就任、東京中の道路を敷き直す計画を立てていた。この計画はおおよそ内務省と東京市に受け継がれ、当時の東京の外周をまわる道路を「明治通り」、東京を南北に縦断する道路を「昭和通り」などと名づけられている。

道路に天皇の名を冠するというのは、後藤が市長時代に何度も軍部に計画をつぶされたことから思いついたものだといわれ、つまり、軍部の反対を突破するための秘策だったということである。

東京を東西に横断する道路は、大正通りと名づけられることになっていた。大正通りは新宿と両国をまっすぐに結ぶ道路になるはずだったが、軍部の反対が強く、ついに後藤は大正通りを諦《あきら》めている。市谷の外堀を東西に横断できなかったそうである。代替案として靖国神社から両国へ向かう道路が敷設され、靖国通りと名づけられている。

戦後、靖国神社から新宿の大ガードへ至る道も靖国通りと命名されたが、道路が外堀を東西に横断できたわけではない。市ヶ谷橋をはさんで二つの道路に同じ名をつけただけのことで、本来なら反則だと思う。

東京駅の丸の内口には、いま、行幸通りが敷設されている。この道路は天皇家が東京駅を往復するためにつくられたもので、震災後の帝都復興事業で建設された。東京では最も道幅が広い道路である。

いま、この道路の下には地下二層の地下駐車場がある。わが国初の駐車場で、一九六〇（昭和三五）年の開業である。しかし、東京オリンピックの前、東京の道路はガラガラで、銀座でも堂々と路上駐車できた。道路だろうと公園だろうと駐車できただけに、駐車場というビジネスは成立していなかった。そんな時代に地下駐車場、しかも、地下二層である。まだ、道路は大して混雑していなかったわけだから、何もそんなにあわてて天皇家の道路を掘り返し、国民の駐車場をつくる必要はなかったのではないだろうか。

新宿と両国を結ぶ大正通りはできなかったが、一九二六（昭和元）年、東京市の記録に次のようなものがある。当時は震災で失われた市電の線路を敷き直していた時期だが、飯田橋と若松町の間に直線の線路はなく、また、新宿では架空線（架空電車線。列車が通る空間の上部に張られた電線）が地中線に変更されている。とはいえ、本来そんな変換が容易にできるはずもなく、地下にトンネルがあったとしか思えないのである。

六　軌道復旧

（イ）直線二十三箇所

両国橋―錦糸町　二、六八〇メートル　建設費　八四、六〇七円

飯田橋―若松町　二、八〇四メートル　同　一三〇、四八二円

五　電線路改良

（ロ）地中線　新宿一丁目角筈間　架空線を地中線に変更
六八一メートル　　同　　三六、八七五円

一九二七（昭和二）年には新宿と九段を結ぶ共同溝が完成している。九段新宿共同溝はわが国初の共同溝で、地下四三メートルに設置され、トンネルの直径は二四メートルとも二八メートルともいわれている。

しかも、この共同溝がどこに設置されているのか、いまだに明かされていない。昨年も一昨年も、国道工事事務所に尋ねているが、テロ対策ということで国民には内緒である。他の共同溝とは違うのだろう。この共同溝が最も深い所は市ケ谷―飯田橋間の新見附橋付近だそうである。

とはいえ、わが国にはこうした地下ルートを利用している人、無償でつくって国家に納めた人、その存在も知らされず、黙って金を払っている人がいるのだ。まったく情けない話である。

後藤伯は維新以来、東北が産した俊秀の一人であった。伯はじつに何よりも天下国家を先務とする公人であり、かつ志士であった。

当時の評論家・徳富蘇峰《とくとみそほう》の言葉である。明治通りや昭和通りの下にはおそらく内務省委員会案のように道路が敷かれる前から地下ルートがつくられていたのではないだろうか。そのトンネルは市街地や国有地、外堀の下などを走っていたが、後藤はそれに沿って道路を敷くことで極秘の価値を失わせ、地下ルートを国民の手に戻そうとしていたのではないだろうか。

帝都復興時、東京市議会は地下鉄四路線に一億九〇〇〇万円の建設費を投じているが、結局、地下鉄はまったく建設されず、その後、新宿東口から三丁目の京王ビルまで地下街が建設されると発表されたが実現せず、「地下鉄新宿線」の認可は五島慶太の高速鉄道へと譲渡された。

同社は渋谷線四マイルに二千万円、新宿線二マイル半に三百六十万円、合計二千三百六十万円を支弁した。これが建設費は払込金一千五百万と借入金をもって支弁した。

五島もこうして「地下鉄新宿線」の建設に金を注ぎ込んだが、地下鉄はまったく建設されなかったという。

当時、新宿駅西口には地下鉄のターミナルが建設されていた。左上の地図では「市電地下鉄」と「西武地下鉄」が完成している。この二つのトンネルを縫うようにつなげると、戦後に建設された丸ノ内線のルートに一致しないだろうか。「市電地下鉄」を延長した先の点線は、いわずもがなだが、大江戸線である。

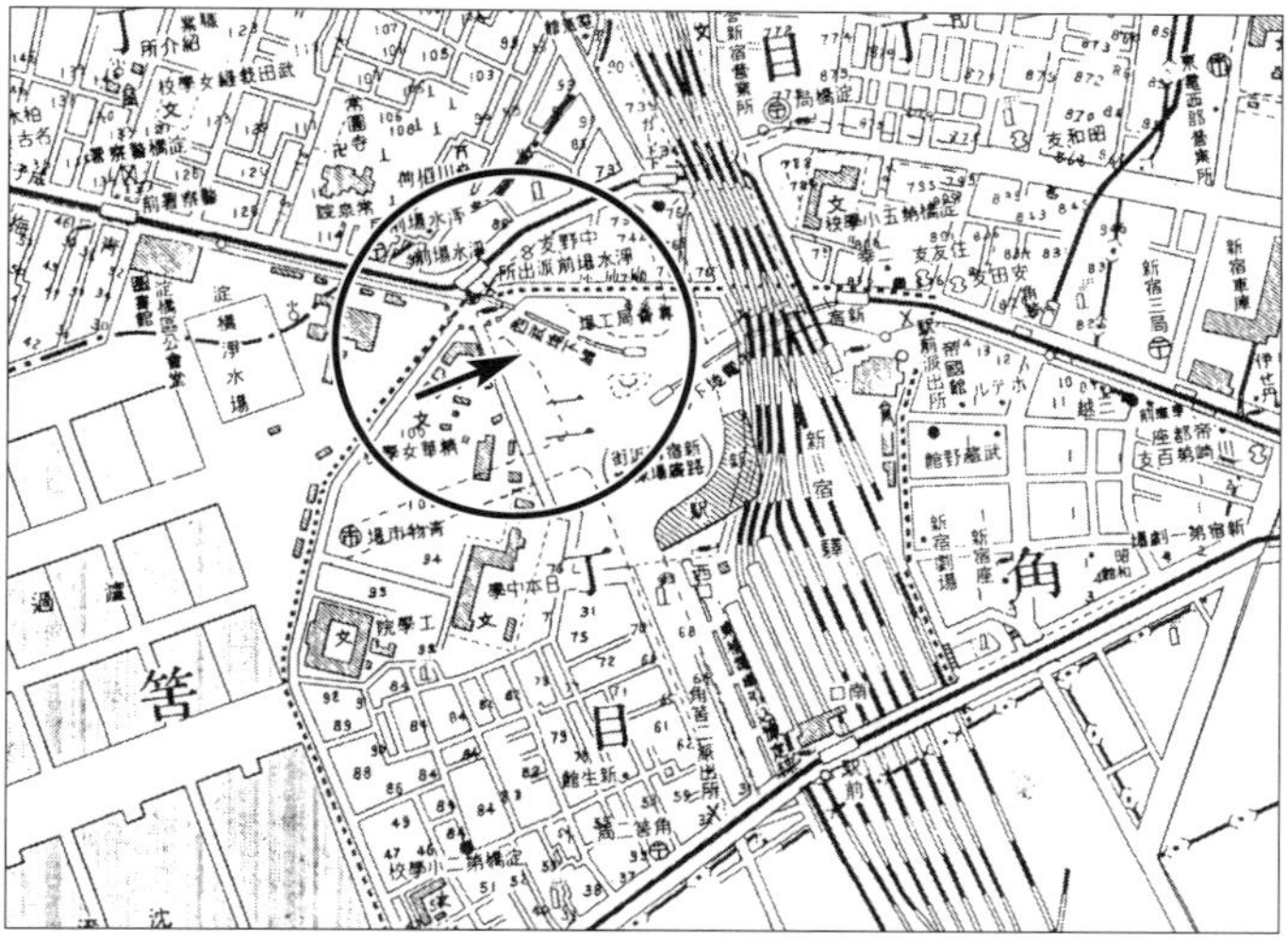

内務省図

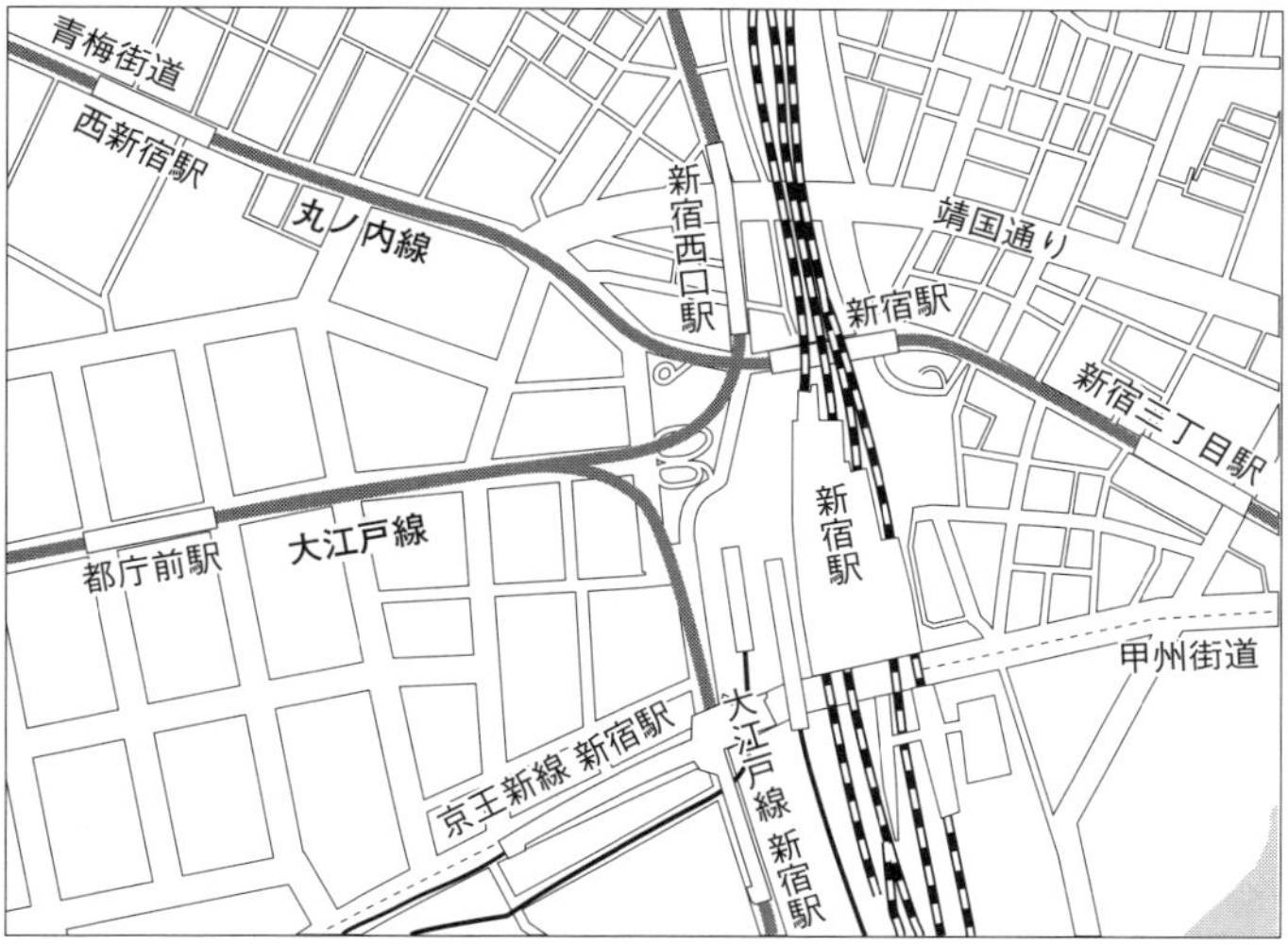
青梅街道
西新宿駅
丸ノ内線
新宿西口駅
靖国通り
新宿駅
新宿三丁目駅
新宿駅
大江戸線
都庁前駅
甲州街道
京王新線 新宿駅
大江戸線 新宿駅

現在の新宿

消えたかつての都電網

小田急電鉄は当初、地下に路面電車を走らせる計画を立てていた。現・京王電鉄の線路幅の一メートル三七センチ二ミリは、かつての都電がそのまま走れるサイズである。前ページの地図には「市電地下鉄」とあった。以前の都電が東京の地下を走っていたとしたら、どんなことが考えられるだろう。

かつて東京には網の目のように都電の線路が張りめぐらされていた。都電の路線（系統）は三〇も四〇もあって、同じ停留所に新宿行きもくれば、渋谷行きもきた。都電は一両編成でスピードも速くなかったが、行き先にはバラエティがあった。いまの地下鉄にも勝っていた点である。

各路線の都電はしばらく同じ線路を走った後、新宿行きは右に曲がり、渋谷行きはその先で左に曲がっていた。曲がった先でも、それぞれが他の路線と線路を共有していた。都電の線路には、つまり、数多くの分岐と合流があった。仮に東京の地下にそんな都電網ができていたとしたら、どんなことが起こるだろうか。戦後、そのトンネルに渋谷行きの地下鉄を走らせると決めれば、その分岐点から新宿へ向かうトンネルには、もう地下鉄はこないことになる。そこにはいくらトンネルがあっても、もう、鉄道には利用できない。

都営新宿線の線路幅は、都電と同じである。市ケ谷を出た都営新宿線は、新宿三丁目を通過し、京王線へと乗り入れている。が、かつて新宿三丁目に分岐点があって、そこから新宿駅の大ガードへとトンネルが通じていたら、そのトンネルはもう鉄道には使えなくなる。地下街にするか、地下駐車場にするか、地下歩道にするか、ギャラリーにでもする以外に再利用の道はない。

先述した新宿プリンスホテルの地下駐車場は、深夜一一時に出入口が閉まってしまうが、新宿三丁目のアドホック地下駐車場に入ると、そこからホテルまでトンネルが通じている。何もないところにホテルと地下街を建設したら、そんなことが起こるとは思わないが、そこにかつて都電が走っていたなら、当然の帰結である。

新宿・東長寺は、靖国通りの近くにある。都営新宿線が開通した後、この寺には突然、地下ギャラリー、地下博物館がオープンした。寺の地下というロケーションがおもしろいと、若手の芸術家がすぐに集まったが、それはいつ誰が建設したトンネルで、そのトンネルは本当にその寺で終わりだったのだろうか。そのまま行くと丸ノ内線の新宿御苑駅があって、この駅の上り下りのホームは中心がズレていて、いかにも、右手後方から本線の線路に合流できそうな構造になっているのは偶然だろうか。

地下鉄丸ノ内線は当初、靖国通りで新宿へと至る予定だったが、この区間を建設している最中にルートが変更され、新宿通り経由で新宿駅に行くことになった。営団地下鉄は一九五六（昭和三一）年、工事の申請をやり直すとした文書の最後で次のように述べている。

なお、昭和31年5月17日付営発第２４９号をもって申請の四ツ谷・新宿三丁目間分割工事施行許可申請書中、新宿三丁目停車場については、これを新宿三丁目停留場に変更いたしたにつき、追って右変更の手続きをいたします。

おわかりだろうか。靖国通りに建設する予定だった新宿三丁目駅は、まだ、工事の申請段階だったにもかかわらず、ルートが変更になったとたん、あっというまに新宿三丁目停留場に変更されたということである。停車場は地下鉄丸ノ内線の駅のこと、停留場というのは都電の停留場だったはずである。

その新宿三丁目停留場があった場所が新宿アドホック、新宿区役所の目の前である。このアドホックのとなりは、新宿・伊勢丹。アドホックも伊勢丹も、もともと、巨大な都電の車庫の一部を譲られたものである。

都営新宿線が建設されるにあたって、建設省は東京都に次の（イ）から（ホ）の五つの指示を出していた。『78土木工事施行例集』からの引用である。

（イ）国鉄営業線の真下を通過すること
（ロ）（省略）
（ハ）国鉄線の下を通過した先には、線路保護の石垣があり、基地は外堀内になること
（ニ）営業線を背負うことから絶対安全な工法を取ること
（ホ）なるべく線路をいじらないですむ工法にすること

つまり、そこには都電用の線路が敷設されていて、線路保護のための石垣もすでにあって、都営新宿線は京王線に乗り入れるから、なるべく線路をいじらずにそのまま乗り入れろということである。新宿三丁目に停留場があったように、市ケ谷の外堀の下にも停留場があったのではないだろうか。その停留場が大切だから、大正通りは外堀を東西に横断することができず、靖国通りになったのだと思う。そしてその停留場は形を変えながらも、依然としてそこにあるのではないかと思う。国民には極秘の地下都電は、関係者の間では「都営軌道」と呼ばれていたように思われる節がある。

第六章　天下を掌握したのは誰か

西郷従道

台湾出兵の真実

この人には頭が上がらない。誰にでも一人や二人、そういう人がいるかと思う。伊藤博文も大隈重信も、山県有朋も、その人の前では頭が上がらなかった。常に特別の敬意を払い、その人の頼みなら何でも通した。西郷従道《さいごうつぐみち》、西郷隆盛《さいごうたかもり》の弟である。だが、その理由はよくわかっていない。

西郷従道は一八四三（天保一四）年、鹿児島生まれ。尊王攘夷《そんのうじょうい》運動から明治政府に出仕。陸軍中将として台湾出兵を指揮し、西南の役では兄・隆盛に加担しなかった。陸軍卿から海軍に転じ、海相、内相を歴任。薩摩海軍の巨頭と呼ばれていた。

今回、台湾出兵の部分が三〇〇ページにも及んだのだが、編集者から二ページにするよう通告された。なので結論だけ述べる。公式の歴史とは異なるところもある。

西郷隆盛が韓国に話し合いに行くと、「なぜ、戦争になるのか」という根拠は、長崎に征韓の軍事拠点が完成していたことであった。一八七四（明治七）年二月一日、佐賀の乱が起こると、政府は六日に台湾出兵を決定し、長崎に事務局を設置した。が、台湾出兵はおそらく表向きの話で、征韓の拠点・長崎の軍令部を押さえたものである。長崎をとられたら国が転覆するかもしれなかった。台湾に派遣される軍隊は、実は、長崎を守るための部隊で、しかも、大久保《おおくぼ》利通《としみち》らは西郷隆盛を恐れるあまり、陸軍にウソをついてまで弟の従道を引っ張りだしていた。弟が守っていれば、西郷が攻めてこないかもしれないという、陸軍中将を人質代わりにした作戦である。佐賀の乱を鎮圧した後、大久保と大隈は大芝居を打ち、派兵は中止するしかないと発表するが、どっこい、従道にはウソがバレていて、人質代わりは軍人への侮辱と、命令に従わない。「天皇に台湾征伐の勅令をいただいている」と答え、大久保ごときの指示には従わないと突っぱねた。兄・隆盛が前年、天皇の勅令で閣議決定を覆されていたこともあった。

「陸軍をだますためにウソの閣議決定をするような政府とは縁を断つ」

従道も命を張っての反逆だったが、ここで大久保が全面降伏、命を預けてこの国を戦場にしないでくれと直訴していたと思われる節がある。だが、陸軍の一部はすでにこの騒ぎに気づき、政府に不信感を抱いていた。このままではクーデターは避けられない。ここで従道が台湾へ行くと大久保に告げている。本当に台湾に出兵すれば、政府のウソがウソではなくなる。政府はこの従道の行為で救われた。台湾出兵の真実は、それゆえ見極めが難しい。従道は台湾を征圧し、大久保は

大久保利通

岩倉具視

清で条約を締結した後、台湾へ従道をお迎えに上がっている。出兵中止の命令に背き、しかし、処罰されていないという経歴は、このようにしてつくられたのではないかと思う。こざかしい細工をした大久保や大隈は、こうして一生、従道には頭が上がらなくなった。

報国

新橋—横浜間に鉄道が開通すると、世界が驚きの声を上げたそうである。イギリスが植民地に鉄道を敷いたのではなく、あのサムライの国の政府が、わずか五年で鉄道を敷設したからである。

鉄道敷設を建議したのは、大隈と伊藤である。右大臣・岩倉具視《いわくらともみ》も賛同していた。しかし、建設費が国家予算の五割を超えるとわかり、大久保が却下。それからの二人の苦労は割愛させていただき、品川—横浜間の建設を迎えたが、問題は新橋—品川間だった。そこには旧薩摩藩の藩邸が四つもあった。

新橋駅の予定地には桜田藩邸、浜松町付近には中屋敷、田町・三田あたりは薩摩っ原などと呼ばれていて、品川駅の予定地だった上屋敷は、勝海舟《かつかいしゅう》と西郷隆盛が江戸城の無血開城を話し合った所である。薩摩の協力が得られるはずもないと半分諦めかけたとき、大隈が海に石垣を築けばいいといいだした。

「薩摩の協力などいらん」

沖合い五〇メートルに高さ四メートルの石垣が延々と築かれ、その上に線路が敷設された。当時の東海道本線は海の中を走り、品川駅も田町駅も海の中にあった。

一八七四（明治七）年、海運輸送をはじめたばかりの岩崎弥太郎《いわさきやたろう》は大隈重信に呼び出された。台湾に船を出せるか聞かれ、岩崎は開業したばかりで休業することになるが、

「国あっての三菱ですから」

と答えたそうである。

国のために尽くすことを戦前は報国といった。三菱では「産業報国」などと呼ばれていた。国の恩に感謝し、利益を度外視して働かなければ、許認可が与えられることもなければ、ビジネスの道も開けなかったということである。

戦前の私鉄界には「交通報国」という言葉があった。だが、その具体例は何一つ明らかにされていない。京王、京急、東急には、戦後、地下鉄区間が譲渡されていたが、京成は戦前に地下区

岩崎弥太郎

間を開通している。

上野公園の地図が左にある。公園の中央を左右に曲がりながら、点線が下りてくる。終点のわきには西郷隆盛の銅像がある。途中、直線部分に①②の番号をつけた。

①のトンネルは公園の外、墓地の下を斜めに横切っている。そのまままっすぐ進んでいくと、東京芸術大学から三菱資料館へと至る。かつてここには岩崎弥太郎が住んでいた。台湾出兵と西南の役で巨利を得た弥太郎は、一八七八（明治一一）年、このあたりの土地を購入し、岩倉具視らの華族が出資して設立した私鉄・日本鉄道が上野駅の設計を終えるのを待って、この地に移り住んでいる。当時、この直線の先には、小松宮《こまつのみや》邸、三菱商業学校、皇居表御座所《おもてござしょ》、有栖川宮《ありすがわのみや》邸、東伏見宮《ひがしふしみのみや》邸、麻布御用邸、久邇《くにの》宮《みや》邸などがあった。久邇宮邸は後に岩崎小弥太邸に変わっている。

②のトンネルを延長すると、上野駅の下を抜けて岩倉高校へと至る。鉄道分野の人材を育てる特別な高校で、以前は鉄道学校といったが、後に岩倉具視の姓を冠している。この高校の校舎は上野駅の線路と平行に延びているから、線路に沿って直線を延ばしていくと、皇居前広場の二重橋交差点に至る。当時、岩倉具視は二重橋交差点に屋敷を構えていた。

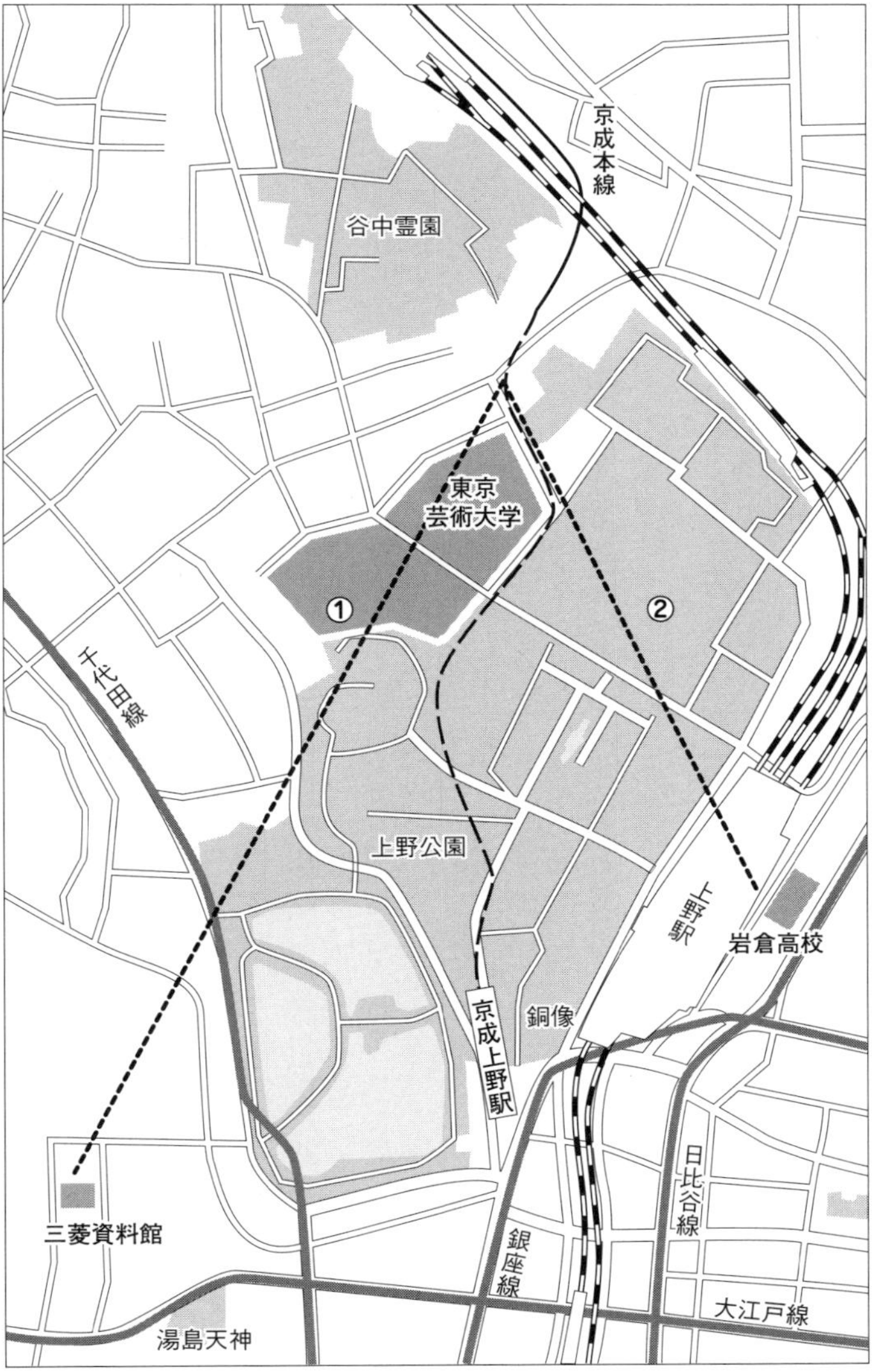
京成本線
谷中霊園
東京
芸術大学
①
②
千代田線
上野公園
上野駅
岩倉高校
京成上野駅
銅像
日比谷線
三菱資料館
銀座線
大江戸線
湯島天神

上野公園周辺

伊藤博文と大隈重信は、東海道本線の敷設で苦労を分かち合ったことで、生涯の盟友となったといわれている。後日、伊藤は半生を振り返り、鉄道の開通は「感涙するに余りあった」と述べている。わが国の初代総理に就任したときは、とくに感涙するような話でもなかったそうである。

鉄道の話となると、大隈も止まらなくなる。ペリーが二度目の来日のときに持ってきた蒸気機関車の模型の話だけで一〇分か一五分はかかる。一時間くらい経ったところで、わが国の鉄道の線路を狭軌にしたことが一生の不覚だと述べていた。

大隈と伊藤の努力の賜物《たまもの》、東海道本線は、当初、浅瀬のなかを走っていたが、まもなく海が埋め立てられ、幅五〇メートル、長さ一〇キロの都心の一等地が誕生した。だが、もともと誰の土地でもなかったことから、財産や所有物のように売買はされず、占用許可が下りればビルが建てられるそうである。

田町駅付近の地図が左にある。かつての大隈の親友・福沢諭吉《ふくざわゆきち》がここに慶應義塾大学を構えていたのはご存知のとおり。このあたりは公共機関が多いかと思っていたが、そんなこともないようだ。駅前の三菱自動車のとなりの田町ビルは三菱の事業で、老婆心ながら、三菱とついていなくても、明治安田生命は三菱グループの一員である。

慶應義塾大学
三菱自動車ビル
田町ビル本館
田町ビル別館
明治安田生命
田町ビル
田町駅
JR山手線
JR京浜東北線
JR東海道本線
JR東海道新幹線
明治安田生命
三田ビル
15
第一京浜

田町駅周辺

新橋―横浜の後、政府は東京の鉄道建設を休止している。岩倉の日本鉄道がそれに代わり、一八八三（明治一六）年には東北本線の上野―熊谷間、二年後には山手線の品川―池袋（赤羽）間などを開通している。山手線の駅は、上野、目白、新宿、渋谷、目黒、品川、新橋（汐留）である。

岩倉・日本鉄道は、当初、池袋駅をつくる予定はなかった。駒込から巣鴨へとななめに下りてくる線路は、まっすぐ目白駅へ向かっていた。

ところが、鉄道当局が山手線のなかに刑務所を入れたいということでルートを変更し、大塚と池袋ができた。

左の地図でもわかるとおり、結局巣鴨と目白は結ばれなかったが、その後、都電荒川線（当時は私鉄）が大塚から南へと建設を進め、巣鴨と目白を結ぶラインに到達した瞬間、このラインに方向を合わせ、日本鉄道の代わりであるかのように線路を敷いた。しかも、ここは当時道なき道であった。

当時は王子電軌という私鉄だったが、なぜ、こんなことが起こるのだろうか。ここからは私鉄の話である。

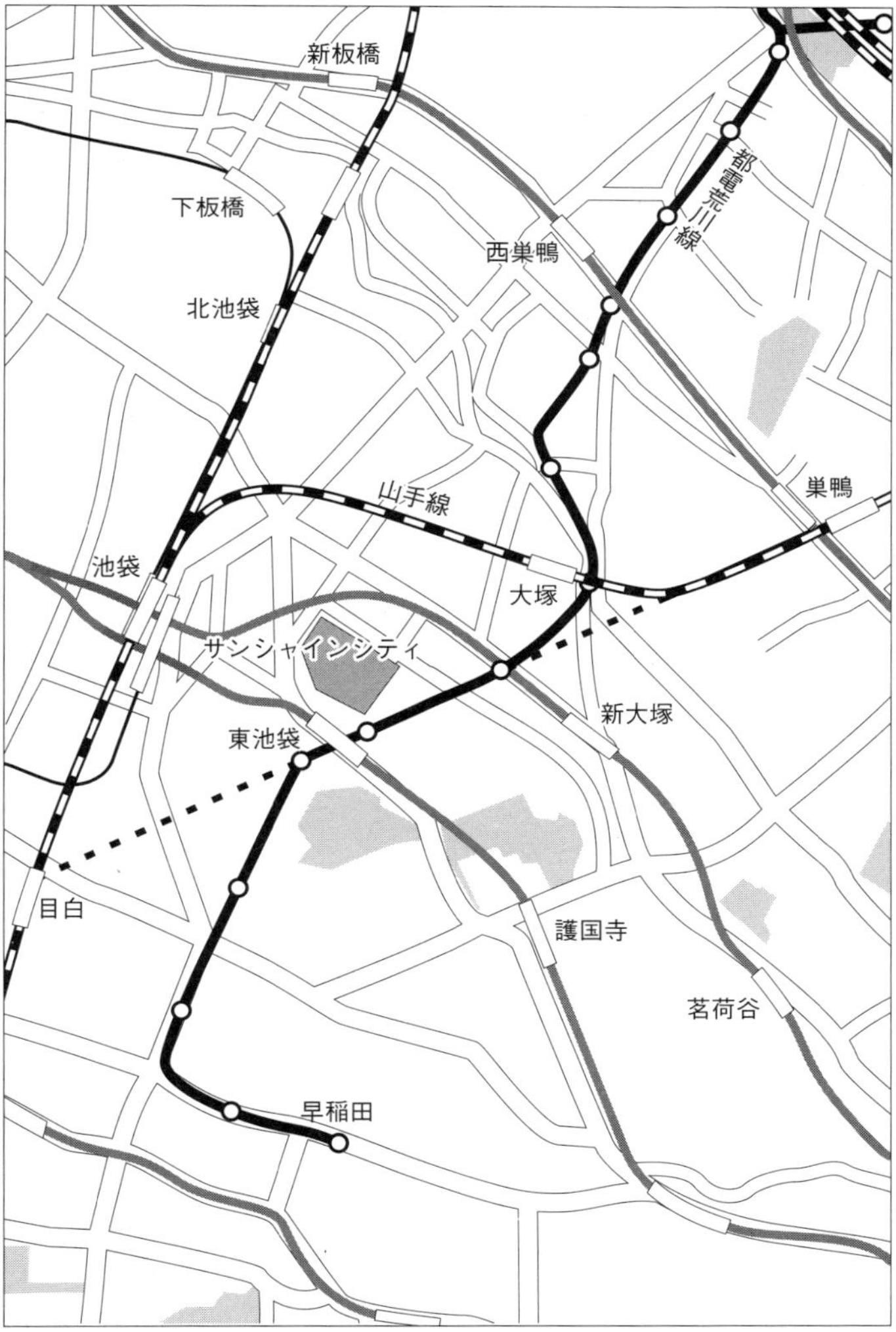
新板橋
下板橋
北池袋
西巣鴨
都電荒川線
山手線
巣鴨
池袋
大塚
サンシャインシティ
新大塚
東池袋
目白
護国寺
茗荷谷
早稲田

山手線・都電荒川線

利光鶴松

天下を掌握する方法

上野公園を縦断する京成電鉄を起業したのは、利光鶴松《としみつつるまつ》である。利光は一八六三（文久三）年、大分生まれ。明治法律学校在学中にいまの司法試験に合格し、弁護士から代議士をめざして板垣退助の立憲自由党（以下、自由党）に入党した。その後、小田急を起こし、帝都電鉄を起こした。早川と五島の地下鉄騒動の際は、鉄道省の佐藤栄作に頼まれて調停委員長を務めた。

第一回の衆院選で自由党は三〇〇議席中の一三〇議席を獲得し、国会最大の政党となった。二番手は大隈重信の立憲改進党、四一議席である。だが、明治天皇が総理に任命したのは、薩摩出身の政治家・松方正義《まつかたまさよし》である。松方は衆議院議員でもなければ選挙に出てもいなかった。閣僚にも衆議院議員は一人もいなかった。

当時の憲法では大臣に選ばれると、自動的に貴族院議員の身分が与えられた。松方内閣の大臣はみな貴族院議員になり、内閣は国会議員で構成されたことになった。当たり前すぎる話だが、つまり、いまとは順序が違った。誤解を恐れずに端的にいえば、国会と内閣は何も関係がなかったということだ。

松方内閣は自由党を露骨に迫害した。警官を動員して集会をつぶし、演説会では正当な理由もなく議員を逮捕、投獄した。投票日には警官が投票所を囲み、自由党員の投票を阻止していた。この日、各地で市民が立ち上がり、投票所を奪還しようと警官と衝突、銃や剣による死傷者が四〇〇人を超えた。ヨーロッパの市民革命とは比べられないが、わが国も民権を求めて血を流していたのだ。

自由党はそれでも再び、第一党になった。改進党は議席を減らし、薩長の政党は惨敗した。国民は自由党を選んでいたが、天皇から組閣の命が下ったのは、長州の伊藤博文である。板垣以下、自由党の議員は大臣には選ばれなかった。

投票に行けば殺されるという話が広まり、家族が懸命に止めたにもかかわらず、多くの自由党員が信念に殉《じゅん》じて死んだ。投票権を持つ者が投票しなければ、国民の権利は拡張しないと考えられていた。第二回の選挙後、国民にもようやくからくりがわかってきた。民権運動が全国に広がり、薩長の政府は仕方なく国会を開設したが、その前に内閣という制度を発足させていた。いま、権力は内閣に集中している。自由党がこのさき国会でどこまで議席を増やしても、内閣を組

星亨

織できるわけではなかった。国会というものははじめから政権とは切り離された存在で、つまり、投票も同様だった。
自由党は、それでも政権を握ることを諦めてはいなかった。当時、党首には板垣を冠していたが、実際に党を動かしていたのは星亨《ほしとおる》である。星はこのような条件下で、政権を獲る方法を模索していた。この時期、利光は自他ともに認める星の右腕で、自由党関東支部の秘密兵器や星の弁護を担当していたほか、警察や皇室の人脈を研究するなど、自由党関東支部の秘密兵器とも呼ぶべき存在になっていた。利光の自伝『利光鶴松翁手記』には次のようにある。

予は星亨氏より深く信頼せられ、氏とともに、将来、天下を掌握するの方法、順序を熱心に研究し、天下を掌握するには農民の人望を得るのほか、宮中のご信任と実業家の信用を得るを必要とすることを発見し、宮中のご信任を得るには、藩閥《はんばつ》を利用するを捷径《しょうけい》と認め、その方面は星氏自らこれにあたり、実業家の信用を得るには、取引所問題、交通機関問題およびその他、各般の事業問題を利用して、その心を収攬《しゅうらん》するにありと断じ、その方面には、予、主としてこれにあたり――。

ということである。
星と利光は、自由党が天下を掌握する方法、順序を研究していた。だが、当時の自由党員は衆議院議員ばかりで、天皇家や皇族と話をするどころか、顔を合わせる機会もなかった。そんななかで宮中の信任を獲得し、天下を掌握しようというのである。
その方法が具体的にはどのようなことだったのか、利光はこの手記では説明していない。説明するわけにはいかなかったのだろう。手記に次のようなくだりもある。

取引所事件といい、横浜埋め立て事件といい、ともにみな星氏の高遠の理想を実現する唯一の手段として尽力せられたるものにして、世間凡庸の徒が思考するごとく、眼前の利権問題としてこれに没頭したるにはあらざるなり。すなわち、毎度、予が説明せしごとく、実業家の懐柔《かいじゅう》と藩閥利用は、星氏の天下を取るにつき、必要な手段と認めたる要綱にして、此成は、星氏と予と堅く密約したる筋書きなり。

一般には、星亨は「押し通る」などといわれ、厚顔無恥で手法も強引、わが国の金権政治の走りかのように思われているが、利光はそれとは違うと述べている。天下を掌握する方法を胸に秘め、実践していたということである。実業界の信用を得る方法について、利光は前回、意識してあいまいに述べていたが、ここでは二つの事件がそれにあたるとしている。とはいえ、宮中の信任を得る方法については、ほとんど語られていないに等しい。利光が密約という言葉を使っているのは、手記の読者にも言えないという断りである。

だが、衆議院と東京市議会には議事録がある。二人の発言を洗いだすことはできる。利光が密約と呼んでいただけあって、院外の行動についても、二人はほとんど他人には任せていなかったようだ。

一八九五（明治二八）年、星と利光は新興の地主層と組んで、馬が客車を引く馬車鉄道の私鉄を設立している、政府に提出した申請に二人の名がある。その後、星と利光は石油鉄道というものを申請したが、馬車と石油の申請を取り下げ、今度は圧搾《あっさく》空気鉄道というものを申請、年が明けたところで路面電車の申請に行き着いている。つまり、私鉄にかかりきりだったということである。

一般の常識からすれば、薩長の政府が自由党の私鉄に認可を与えるとは思えないが、新興の地主には、自由党と組まなければならない理由はなかった。合同で私鉄を設立するといっても金を出すのは地主である。議員が会社に出勤するとも思えない。自由党と組んでいた理由はただ一つ、認可である。

しかも、その日はすぐそこまできていた。利光はその日に追い立てられて、三度も四度も申請をやり直していた。この物語は、わが国初の私鉄の電車、私鉄の路面電車誕生のストーリーである。

まさかの大誤算

星・自由党は三年前、松方内閣の予算案を否決した。自由党は政権の座にはつけなかったが、国会の過半数を握っていた。いくら否決しても自由党の主張は聞き入れられなかったが、このときは海軍の軍艦建造案が流れていた。松方内閣はその責任をとって総辞職し、衆議院が解散された。解散後の選挙で、自由党はまた第一党になった。伊藤博文は山県に首相をやってくれと頼んだが、断られたといわれている。第二次伊藤内閣は挙国一致の方針を掲げ、自由党と秘密の提携を交わしている。

以後、自由党が反対の動議を起こさず、政府案は次々に成立している。誰が見ても何らかの提携があったことは明らかだったが、何のための提携か、自由党が何を得るのかは知られていなかった。

この内閣は一八九二（明治二五）年に発足した。当時は誰も知らなかっただろうが、日清戦争の二年前である。国民にとっては、戦争は「勃発する」ものでも、国家の中枢はそれでは務まらない。ときに戦争を計画し、準備を進め、進行が遅ければ、早めるための努力をしていたということである。この時期、海軍はヨーロッパから射程五〇キロの大砲を購入している。軍艦建造は焦眉《しょうび》の急であった。

一八九五（明治二八）年、星と利光は戦争終結と同時に動きだした。提携の約束が果たされる日が近づいていた。天下を掌握する方法は、おそらくここから立ち上がっていた。翌一八九六年四月一四日、約束が果たされた。

この日、板垣退助が内相に就任した。この人事は政界に衝撃を走らせている。山県は天皇の前で伊藤を売国奴呼ばわりし、以後、二人の関係は修復されなかった。内務省は国内問題のほとんどを管轄し、政府本体ともいうべき存在だった。初代、二代の内閣では山県が内相を務め、三代の山県内閣では首相と内相を兼務していた。内務省は山県の牙城で、山県は政党を毛嫌いしていた。

薩長の面々が息をのんで見守るなか、板垣は内相に就任した。大臣には貴族院議員の身分が与えられ、天皇家に挨拶に行くのが仕事である。皇居や東宮、皇族や華族の邸宅を訪ね、話を聞くのも内相の仕事である。板垣がこのような立場になれば、天下を掌握する方法が始動することができた。

中世のヨーロッパでは、王宮と王族の邸宅、教会などが地下道で結ばれていた。当初は緊急時の脱出ルートだったが、次第に規模が拡大し、イタリアのフィレンツェなどは、市内の隅々まで地下道が張りめぐらされていた。

王族が地上を移動するとなれば警備が不可欠で、そのためには相当数の人員を抱え、装備や訓練も必要となる。地下道を建設したほうがはるかに経済的で安全だったといわれている。王族、貴族にとっては、家族親族が行き来できることになり、行動の自由も拡大した。

この時期、ボストンには極秘の地下鉄（路面電車）網が完成していた。政府や州の関係者、軍と警察専用の地下鉄である。この極秘地下鉄は、四〇年間、市民にはバレなかったということである。道路に路面電車を敷設する際、道路の下にトンネルがつくられ、地下鉄の線路が敷かれていた。

天下を掌握する方法は、つまり、極秘地下鉄の建設ではなかったのだろうか。天皇家や皇族の賛同が得られたら、板垣が私鉄に認可を与える。ひとたびこの計画が動きだせば、薩長といえども止めるのは難しい。当時の自由党が宮中の信任を得る方法が他にあっただろうか。私は極秘地下鉄しかなかったと思う。

利光は満を持して路面電車の私鉄を申請した。だが、板垣は認可を下ろさなかった。

「東京の路面電車は、公共機関が敷設するべきである」

板垣にそういわれて利光は途方に暮れている。地主らに合わせる顔もない。星と利光の心中は察するに余りある。しかも、二人とも板垣を心から敬い、尊重していただけに、批判的なことは口にしていない。

「板垣は正直で困る」

星がそう、つぶやいただけである。

この年、星は渡米してアメリカの公使に就任し、利光は星に指示されたとおり、東京市議会選挙に出馬して当選、市議会議員になっている。一八九六(明治二九)年、星と利光の天下を掌握する方法は挫折した。

千載一遇のチャンスが到来した

「寝耳に水」

利光は自伝にそう記している。自由党は突如として天下を掌握した。挫折してからわずか二年後のことである。板垣と大隈の連携が成立し、もはや国会運営ができないと判断した伊藤は、天皇に辞意を表明し、二人による連立政権を進言した。明治天皇から二人に組閣の命が下り、大隈内閣が誕生した。

利光にいわせれば、明治天皇が板垣に先に声を掛けていたこと、板垣のほうが年長であること、自由党のほうが議席が多かったことから、本来なら板垣内閣になるべきだったが、板垣は急に外国人とのつきあいに不慣れだからなどといいだし、その場で首相を譲ってしまったということである。

板垣と大隈は連立内閣を強固なものにするため、二党を合同させ、憲政党が結成された。まもなく行われた選挙で、憲政党は三〇〇議席中の二六〇議席を獲得している。国民がどれほどこの内閣を待ち望んでいたかがわかる。だが、この内閣の行く手は険しかった。当時の警視総監の訓話である。

いまの内閣は政党内閣というも、果たして陛下のご信任を得て組織したるものなるや、国民の信望を得たる内閣なるかを疑わざるを得ない。余は、かくのごとき内閣にはあくまで反対するものである。彼らはいわゆる政治屋にして、品行修まらぬ無頼の徒に過ぎない。
（中略）
諸君は高等の警察官なり。よろしくその本領を主持して、自己の去就を決すべきである。

警視庁のトップがこれでは、内閣は立ち行かない。ここで左の表をご覧いただきたい。歴代の警視総監と出身地である。鹿児島、鹿児島、鹿児島、鹿児島と続くなかに、所々、高知と佐賀が交じっている。「薩摩」のなかに「土肥」が交じっているということである。他県の出身者は探すだけムダ、局長クラスまでチェックしたものの、東京出身者は皆無である。藩閥政治おそるべし。

しかも、内務省は警察以上に政党の敵だった。当時、長州は陸軍と内務省を押さえ、薩摩は海軍と警察を握っていた。ある日突然、政党内閣ができても、陸軍、海軍、内務省、警察が横を向けば終わりである。警視総監の表から想像がつくと思う。圧倒的な数の前には、正義も通らない。大隈はそのあたりの事情を心得ていたらしく、薩摩の一部の了解を得ていたということである。

星亨は憲政党内閣の成立を知るやいなや、アメリカから帰国の途についた。ただ、飛行機がない時代だったため、帰国には二ヵ月以上かかっている。東京に戻った星は憲政党の大会を開き、党の解散を決議した。その上で旧自由党のメンバーを集めて新党を結成し、党首に就任、大隈内閣から離脱した。

この新党の名を星はあえて憲政党としている。今後大隈が新党を結成しても、憲政党を名乗れないようにしたのだという。

星と大隈とは以前から犬猿の仲といわれていたが、このとき星は板垣とも訣別している。大隈内閣はこうして瓦解《がかい》し、板垣はまもなく引退する。

代	名前	出身
初	川路　利良	鹿児島
2	大山　巌	鹿児島
3	樺山　資紀	鹿児島
4	大迫　貞清	鹿児島
5	三島　通庸	鹿児島
6	折田　平内	鹿児島
7	田中　光顕	高　知
8	園田　安賢	鹿児島
9	山田　為喧	鹿児島
10	園田　安賢	鹿児島
11	西山　志澄	高　知
12	大浦　兼武	鹿児島
13	安楽　兼道	鹿児島
14	大浦　兼武	鹿児島
15	安立　綱之	鹿児島
16	関　清英	佐　賀
17	安楽　兼道	鹿児島
18	亀井英三郎	熊　本
19	安楽　兼道	鹿児島
20	川上　親晴	鹿児島
21	安楽　兼道	鹿児島

歴代の警視総監と出身地

このとき星と利光に一つの事実が突きつけられていた。政党だけでは天下は掌握できないということである。また、薩摩海軍はこのときはじめて政党と合同し、それなりの人材がいることを目のあたりにしている。西郷と大久保亡き後の薩摩の人材不足は誰の目にも明らかで、このままでは長州独裁の日もそう遠くなかったが、憲政党内閣の誕生は、明治天皇によって新しい方向が示されたと考えることもできた。この内閣は国民には大きな失望を与えたが、海軍と政党の距離が縮まる契機となっている。「敵の敵は、味方」ということである。しかも、薩摩は私鉄を必要としていた。

申請ラッシュ

一八九八（明治三一）年、星と利光は、ようやくたどり着いた。路面電車の私鉄の申請は、有力なものが八件か九件あったが、おそらく憲政党（旧自由党）の私鉄が最右翼に位置していた。利光の手記から。

星氏は再び西郷内相を三年町の私邸に訪問し、山県首相には自分より一応お話致しおくべきやと相談したるに、西郷内相は、この件は自分の所轄《しょかつ》内のことなれば、仮令《けりよう》、いかなる形勢となるも、不肖《ふしよう》ながら自分の手において片付くる積もりなり。首相はいろいろご心配も多きわけなれば、このごとき問題にてご心配をかけたくないと存するにより、山県さんにはお話の必要なかるべし、何卒《なにとぞ》自分をご信任の上、よろしくお願いしますと答えられたりとなり。

山県内閣の内相は、海軍の西郷従道である。自由党と海軍の距離が縮まったことで、この私鉄は一気に実現に近づいていた。東京市議会の様子を、さらに手記から。

市会の開会となるや松田市長は、本市交通機関は前に市営となるべき旨の方針を定めて、その筋に特許を申請しおきたるところ、このたび、東京市街鉄道株式会社発起人より、その筋に特許を申請すると同時に、本市に対して別紙のごとき条件の下に会社の申請に同意せられ度旨の出願ありたり。

かつまた、この件については、とくにその筋の御内示もありたるをもって、市参事会は慎重に審議したる結果、本市の請願はこれを取り消し、東京市街鉄道株式会社の出願を承諾するをもって、本市の利益なりと認めたり。願わくは市会においても、われわれ参事会の決定に同意あらんことを望むと述べたり。

東京市街鉄道が憲政党（旧自由党）の私鉄である。この私鉄は別紙のごとき条件の私鉄だから、東京市は降りろといったら、東京市がそれに従い、これから申請を取り下げるということである。「別紙のごとき」については、これ以上、確かめようもないが、皇室中心の極秘地下鉄だという以外に、東京市が申請を取り下げることなどあるとは思えない。東京市は市営こそ正しいという方針を定めていたのである。さらに同書から。

いわく西郷内相は板垣伯に対する情宜上、交通問題の解決は、これを忌避《きひ》することに決心せり、このごとき風説を耳にする毎に、予は星氏にこれを報告すれば、星氏はその度ごと西郷を信任して安心しておるべしと答えらるるを常とせり。

海軍は以前、三井グループと京浜急行に認可を与えようとしたことがあったが、当時は板垣も自由党に認可を与えられなかった時期で、今回、海軍から三派合同できないかという打診があり、星と西郷の間で何らかの密談があった。

憲政党の党首・星は、東京市議会議員に出馬し当選、市議会議員となった。憲政党の議員が多数当選し、市議会は一日でガラリと顔ぶれが変わった。星は憲政党の私鉄を市営化する法案を作成し、議会がこれを可決すると、内務省から三井、京急との合同を果たせば認可を与えるとの内諾を得て、すぐに三社の合同合併が成立、東京市街鉄道に認可が与えられた。同社代表の星が内務省に市営化の手続きをはじめたが、内務省のほうから規模が大きすぎるため、当面、市営化は見送るとの通告があった。

こうして憲政党の私鉄が誕生した。内務省が三社合同しろというから合同したら、大きすぎるとは何事かと思われたかもしれないが、おそらくこれがギリギリの妥協だったのだと思う。東京市街鉄道はおそらく書類上は最初から市営鉄道で、星が通した法案が公式の記録、東京市は何年か分割払いで購入することになっていて、星と利光にとっては、所有権が移るまでの数年間が私鉄という解釈なのだと思う。

とはいえ、このとき東京市街鉄道が認可を取得した区間は、数寄屋橋—日比谷と日比谷—神田橋である。この付近にはもう二つの認可が与えられていた。一つは数寄屋橋—日比谷間、距離わずか七〇〇～八〇〇メートルの短い区間である。そしてもう一つは日比谷—神田橋間、こちらも決して長い区間とはいえない。皇居前の大通りの端から端までにあたり、一キロ半というところである。

鉄道の認可は、通常、起点と終点があるだけで、線路の本数に制限はなく、地上地下の区別もない。路面電車は起点から終点まで道路の上を走るが、線路が敷ければ、一直線の線路を敷いても構わない。一つの認可で道路を走る路線と一直線の路線を敷設し、かつ、地下に道路の下を走る路線と一直線に走る路線を敷いても構わない。起点と終点を結ぶラインからまったく離れた場所に経由地を設け、起点から経由地へ、経由地から終点へと線路を敷設することも可能である。数学的にいえば、線路の敷き方は無限にある。

東京市街鉄道は、当初、数寄屋橋―日比谷―神田橋、日比谷―半蔵門―新宿の認可を得ていた。このような場合、数寄屋橋と新宿を一直線に結ぶ地下鉄を敷くことができる。神田橋と半蔵門を一直線に結んでもよい。これで赤坂離宮と吹上に合法的に極秘地下鉄が敷設できることになる。しかも、今回は三社合同という扱いだから、憲政党、三井、京急が持っている認可のすべてのポイントを自由に使うことができる。そうすると、たとえば、長い距離の直線の中央だけ使って、皇居―赤坂離宮などという路線が敷設できることになる。

東京にはじめて極秘地下鉄が敷かれたのは、このときではなかったのだろうか。三社合同の私鉄で、私有化されることも決まっていただけに、どの会社の誰と特定するのは難しいが、ここまでの流れから判断して一九〇三（明治三六）年の日比谷―数寄屋橋間としたいと思う。

電車は一八七九（明治一二）年に発明された。一〇年後、ロンドンの地下鉄が蒸気機関車から

かつてロンドンで走っていた電車

電車に替わっている。東京はおそらくこの市街鉄道が最初である。だが、それ以前から相当数の地下道があった。三田上水、神田上水、青山上水など、江戸期に多くの上水がつくられ、ときに休止され、廃止され、復活したりした。この手の上水は川を暗渠《あんきょ》にしたものだから、川幅は皇居の濠と同じくらいあった。

この頃まで、上水の地下道には水が張られ、船が行き来していたのだと思う。そうした船は郵船などと呼ばれ、郵船を取り締まる法律もあった。三菱と皇族の邸宅が一直線に並んでいたのはそのためだと思う。地下上水の大拠点がある所は、東京プリンスホテル付近と、神田駿河台の中央、皇居前から二重橋あたりと、東京駅八重洲口から日本橋にかけてだという。霞が関三丁目（かつての三年町）もそうかもしれない。

その地下の上水の水運を、電車に替える際、どんなことが必要かわからないが、西郷は海軍、三菱、皇族間の調整をしていたのだと思う。今回、市街鉄道が新規参入したが、市営化されたことで、担当は東京市（東京都）に替わった。戦前のことをご存知の方ならわかるだろうが、市電は年中、ストしていた。いつも、八時間労働を訴えていたはずである。

長州は陸軍と内務省、薩摩は海軍と警察を押さえていた。東京市は内務省の傘下にあったため、山県系の色が強く、東京市が地下鉄の認可を取ろうとするたび、海軍系から横槍が入っていた。原敬が東京市に厳しかったのは、立憲政友会（憲政党の後身）が海軍と組んでいたからである。陸軍と海軍の縄張り争いは、いまでも営団と都営に影を落としていて、海軍・霞が関は営団のテリトリー、陸軍の市谷付近は都営だけ、陸軍の火薬工場があった板橋は都営、目黒の火薬工場は共用だったから、営団と都営が並んでいるのかも。

日露戦争で株が暴騰し、利光はわが国指折りの富豪になった。市街鉄道が市営化され、原内閣時に地下鉄を申請していた。当初、地下鉄の拠点は日比谷公園にあったが、すぐに海軍省に移されていた。西郷従道亡き後も、利光が海軍と歩調を合わせていたことはいうまでもない。海軍省の地下拠点は、果たして誰が建設したのだろう。いまの千代田線の霞ヶ関駅の建設に利光は加わっていなかっただろうか。

地下鉄千代田線は、いかにも利光が敷設しそうな地下鉄である。千代田線の大手町駅は、当時の内務省の地下階。次の駅は二重橋駅、千代田線日比谷駅の場所には内相官邸があった。霞ヶ関駅は海軍省防空壕、国会議事堂前駅の場所には枢密院があった。その後、乃木将軍の乃木坂駅、表参道駅、明治神宮前駅と『宮中の信任』路線で、明治神宮の下で小田急線に乗り入れている。営団が建設した路線が小田急線に乗り入れているというより、利光が建設した路線が小田急に返されたという気がする。

一九四八（昭和二三）年八月、小田急電鉄は「南新宿―東京駅」の地下鉄を申請している。ルートは不明である。が、赤坂離宮の北に三角形の公園がある。この三角形の底辺を左右両方にまっすぐ延ばすと、皇居のまんなかを突っ切って「南新宿―東京駅」になるが、どんなものだろう。

第七章　先に地下があった

野原と化した丸の内

認可を取得した利光は、だが、すぐには着工できなかった。とはいえ、それは利光に限られた話でもなかったようだ。市区改正の事業は一八八八（明治二一）年にスタートしていたが、まだ、一本の道路も敷設していなかった。一八九〇（明治二三）年には陸軍が丸の内から移転し、三菱に跡地が払い下げられていたが、三菱のビル建設もほとんど進んでいなかった。

まだ、アスファルトの道路もなく、丸の内には線路も敷かれていなかった頃である。東海道本線は新橋が始発、東北本線は上野だった。丸の内一帯は一八九〇年に更地にされたが、翌年には雑草が一面を覆い、二年目には野原になっていた。三菱の私有地になったことで、公共の清掃も行われなかった。

「茫々たる大原野」「婦女子は到底通行も成り難き有様」。三年目には新聞が丸の内の惨状を報道したが、三菱の二代目、岩崎弥之助《やのすけ》は、

——竹でも植えて虎でも飼うさ

と笑い飛ばしていた。社内の会議でも、姪《めい》っ子に尋ねられたときも、同じように答えていたと

いうことである。

三菱ヶ原の話は広く知られている。東京史には欠くことのできない一コマである。だが、なぜ、このような事態になったのかという理由は、一度も説明されたことがないと思う。どの本を読んでも「虎でも飼うさ」で終わりである。だが、この言葉には前段もあれば、さらに先の話もある。

岩崎弥之助

三菱の初代当主・岩崎弥太郎は、台湾出兵と西南の役で巨利を得た後、次から次へと事業を拡大していた。圧倒的な資金を武器に原価を割るような価格で市場に参入、ライバル他社がすべて倒産すると、価格をつり上げるということを繰り返していた。「二六新報」という新聞がこの手法を糾弾し、大隈重信との関係を暴露するとともに、三菱が西南の役で得た利益の額を報じた。
当時、世間は西郷隆盛が討たれたことに心を痛めていただけに、この報道で岩崎に対する風当たりが強まり、三菱は「政商」と呼ばれるようになった。もともと、岩崎は土佐出身で、板垣退助から藩の船を譲られ、事業を始めていた。西郷や板垣らとともに当初は征韓派だったことも反感を買っていた。
一八八一（明治一四）年、大隈が長州閥によって政府から追放されると、翌年、渋沢栄一、益田孝、安田善次郎《やすだぜんじろう》ら、三菱以外の主要財閥が結集し、共同運輸という船舶会社を設立した。共同運輸は三菱の本体、三菱郵船に攻撃を仕掛けた。

弥太郎は例によって料金を二割引き、三割引きに下げたが、共同が三割引き、四割引きで対抗し、この戦いはすぐに五割引き、六割引き、七割引きへとエスカレートした。両社とも撤退するという選択肢はなかったらしく、八割引き、九割引き、無料、無料の上に景品つきという信じられないような事態になった。それでも、両社とも撤退する気配も見せず、いずれの航路もつねに満員で、

「三菱の景品、何だった」

「洗面具のセット。そっちは」

「こっちは温度計。大して役に立ちそうもないけど、タダで船に乗せてもらってるんだからな」

そんなやりとりが交わされていた。

国をあげての三菱潰し

利用者にとっては天国のような話だが、経営者にとっては地獄である。空前絶後ともいうべき死闘のさなか、岩崎弥太郎は息を引きとった。失意と絶望の最期だったそうである。一八八五(明治一八)年、丸の内払い下げの五年前である。この後、政府が両社の間に割って入り、合併

という裁定を下している。三菱は本体の船舶輸送を失い、ほとんど倒産同然の状態だったという。

実は、このとき政府は共同に加担し、同社に国費を注ぎ込んでいた。経費は逐一、閣議の了承を得ていた。長州薩摩の二大勢力は、三菱はわが国にとって害毒であるとの認識で一致し、もはや、放置できないという合意に達していた。三菱を潰すことは、つまり国家方針だった。

だが、三菱はかろうじて生き残り、弥之助が弥太郎の後を継いだ。薩長の政府ににらまれ、財界からは孤立し、世間からは「政商」などと呼ばれていたが、弥之助の下、三菱は奇跡の復活を果たし、わずか五年の間に再び財界の盟主に返り咲いた。一度は失った船舶輸送の主導権も奪い返した。

と、陸軍が丸の内から移転し、跡地が分割されて競売にかけられた。陸軍は一括売買が望ましいとしていたが、価格が高すぎること、競売のほうが高く売れるという見通しもあって、内務省が競売にしたものである。だが、入札価格の合計が陸軍の予定額に届かず、競売は中止された。

陸軍が一括売買を望んでいたことから、渋沢栄一、益田孝、安田善次郎らは再び結集し、新たに会社を設立しようとしたが、陸軍の予定額には届かなかった。その額を支払えるのは三菱だけとわかり、ときの蔵相が弥之助を訪ねた。弥之助は蔵相の要請を受け、一括購入に応じた。陸軍は二〇〇〇万円を要求したが、一五〇〇万円で話がまとまり、支払い方法は八回の分割払い、一年おきに金を納めると決まった。

このとき三菱が購入した土地は、実は、いまの丸の内だけではなかった。有楽町の日比谷、数寄屋橋付近と、水道橋から神保町にかけての三崎町も含まれていた。

左ページの地図では、いまの日比谷公園と霞が関付近に「練場」とある。この「練場」は二年前に東京市に公園用地として譲渡されていたが、そこから大手町にかけては、すべて三菱に売却された。だが、これから市区改正の事業で道路が敷設される予定で、その際、道筋が多少変わることになるが、道路の面積は敷地の二割以内という契約になっていた。

三菱は一八九〇（明治二三）年に兵舎を取り壊し、丸の内一帯を更地にした。道路が敷設されれば、すぐにでもビルを建てる予定だった。だが、年が明けても道路は敷かれず、丸の内一帯は野原と化した。九二年には道路が敷かれないばかりか、東京市が公園用地を陸軍に返上させられている。

一八九四（明治二七）年、いまの有楽町に東京府庁の庁舎が完成した。後の東京都庁である。だが、その土地は三菱の私有地だった。二割の道路予定地が庁舎の敷地に変更されたということである。それまで府庁はいまの日比谷公園の南にあったが、このとき公園の東に移ったことになる。わずか七〇〇メートルの移転である。

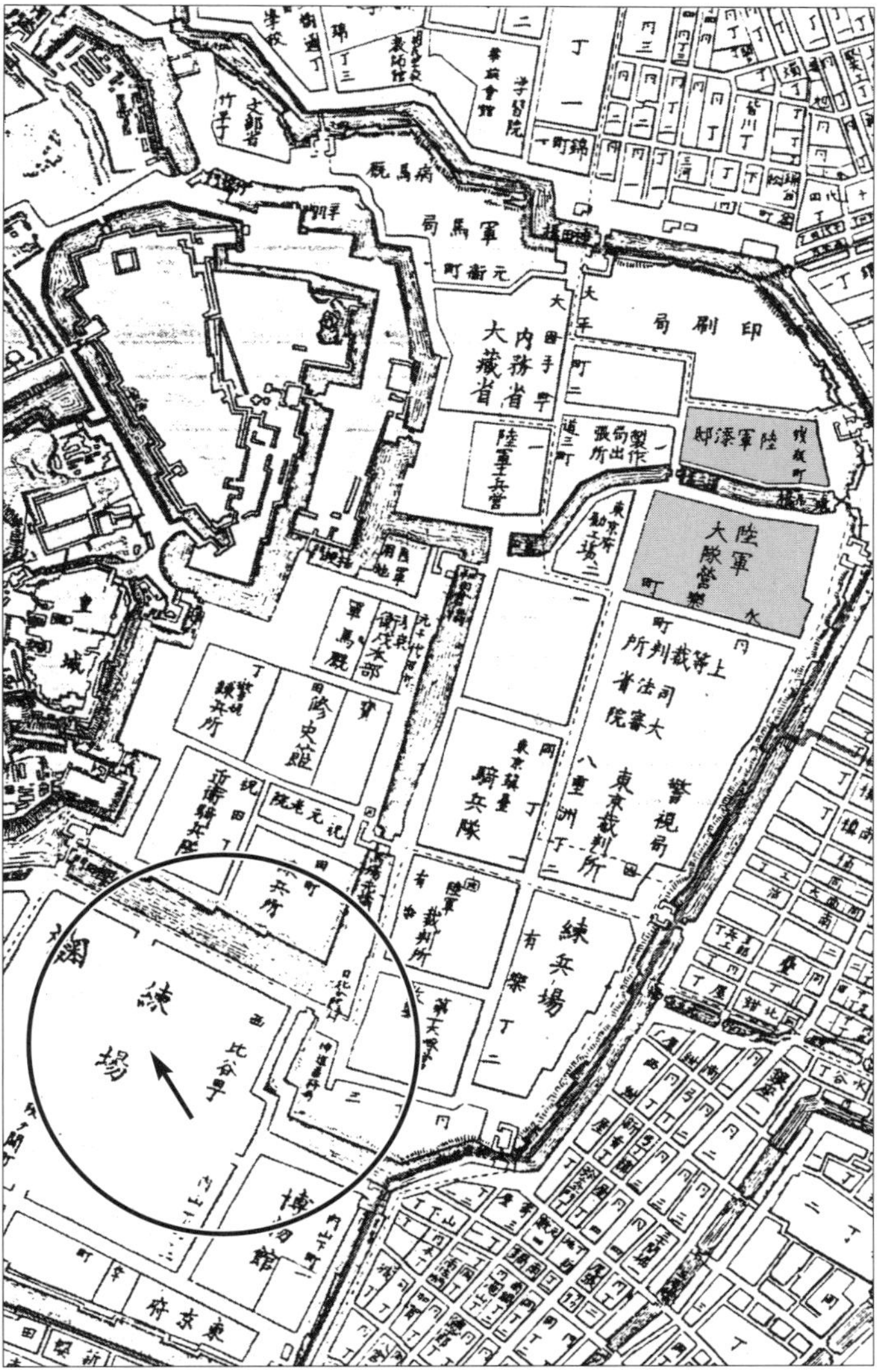

丸の内　1890年代前半

とはいえ、本物の道路については、一八九四（明治二七）年になっても敷設されず、翌年には、市区改正委員会から国会に提案があった。新橋と上野を鉄道で結び、中央駅（いまの東京駅）を設けてはどうかというものである。当時の新橋駅はいまの汐留にあって、その先から線路を延長すれば、丸の内は通らずに上野に至ることができたが、一八九六（明治二九）年、国会がこの法案を可決すると、同委員会は改めて道路と鉄道の再検討に入った。

一八九七（明治三〇）年、政府は東海道本線の延長工事に着手した。同時に新橋駅の場所を移し、方向を変えた。それまで新橋駅は浅草を向いていたが、このとき丸の内、皇居、さらに先には水道橋、陸軍の砲兵工廠がある方向に変わった。

一八九八（明治三一）年、三菱の私有地に線路が敷かれた。三菱に現在の有楽町の代金が払い戻されたのは、一九〇〇（明治三三）年の六月である。

戦後、総武線快速が建設され、東京駅の丸の内口に地下駅ができると、横須賀線も地下化された。横須賀線は東京地下駅から南へ向かい、有楽町駅の下を通過して、新橋、品川へ至る。

ＪＲの駅建築は、コンクリートの塊である。普通、地下鉄は駅の下は避け、線路の下を通過させる。駅の下を通るとなれば、駅建築の重量を支えながらトンネルをつくり、工事の後は、トンネルがその重量に耐えなければならない。コンクリートのかたまりの重量に耐えられず、トンネルがつぶれたら大惨事になってしまう。それゆえ、地下鉄は駅の下は通らない。

だが、横須賀線は駅の下を通過している。建築の常識では、そのトンネルは有楽町駅と同時に建設されたとしか考えられない。トンネルの方向は、旧新橋駅と上野駅を一直線に結んでいる。

では「竹でも植えて虎でも飼うさ」である。

丸の内は私有地になったとはいえ、皇居のお膝元である。荒れ放題でいいはずがない。三菱ヶ原には誰もが眉をひそめていた。しかも、世間は極秘地下鉄などというものがあるとは思っていないから、三菱がビルを建てないのは金がないからだと誤解していた。ビルを建てられなくても、せめて手入れくらいしたらどうか。三菱にはその金もないのか、というところである。

だが、弥之助は草を刈るどころか、その上に「竹を植える」としていた。弥之助にしても、まず、三菱には金がないという噂を払拭《ふっしょく》しなければならなかった。ビジネス界では、金がないという噂は大敵である。この言葉は「金がないから手入れをしないのではない。竹を植える金もある。さらに虎を飼う金もある」と主張している。高価なものの代名詞「虎」を持ってきて、さらに「虎でも飼う」と「でも」をつけ、金は十分にあると強調していたのだと思う。金があるということは、つまり、「三菱は待っている」「三菱には決められない」「決めるのは三菱ではない」ということを暗に主張していた。極秘地下鉄の計画が決まらないとはいえないからである。

そもそも何か聞かれたとき、「AをしてBをする」という答えはいかにもまどろっこしい。会社の会議も、姪っ子に聞かれたときも同じというのは、いかにも能がなさそうに見える。

だが、おそらくこの言葉は考えに考え抜いた末に到達した言葉である。冗談のようだが、三菱には金がないという噂を払拭し、その責任も三菱にはないことを暗示し、さらに、その計画を早く決めろとプッシュし、そのときがくれば、山県と刺し違える覚悟もあったのではないか。

東京で「竹」のつく場所といえば竹橋、「虎」のつく場所は虎ノ門である。この二点を結んだ地図が左にある。その直線は皇居の建物の方向に一致し、しかも、中庭を貫通している。

——竹でも植えて虎でも飼うさ

この言葉は市区改正に深く関与していた弥之助が、一言でその正体を言い表したもので、山県がこれを耳にすれば、すぐにその意味に気づく。おそらく弥之助はそれを期待して同じ言葉を繰り返していた。丸の内をあえて荒れ放題にしておけば、より多くの人に尋ねられることになる。弥之助はその度に同じ答えを繰り返すことになる。何度も何度も繰り返していれば、誰かが気づかないとも限らない。この言葉は山県に「早く決めろ」とプレッシャーをかけていた。さらに財閥の存亡にかかわる事態になれば、それは地下の話だという噂を流すこともできる。当局に何か聞かれたときは「冗談に決まっている」と笑い飛ばせば終わりである。この言葉はつまり、弥之助一世一代の名ゼリフで、実は、三菱の総力が結集されていたと聞いても私は驚かない。

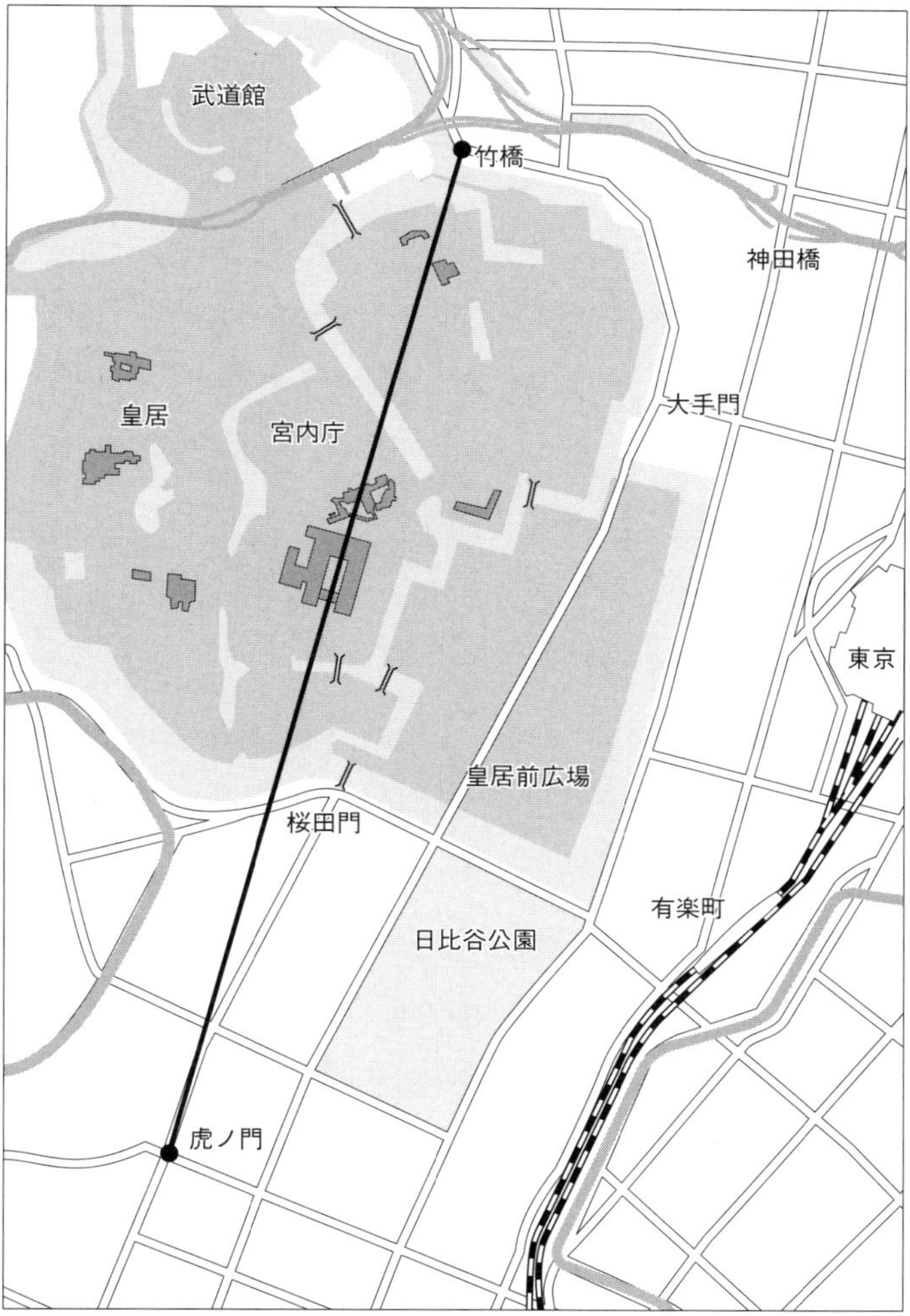

竹橋―虎ノ門

陸軍参謀次長が鉄道を仕切った

東京市が公園用地を返上した一八九二（明治二五）年、鉄道敷設法が公布され、今後、政府がどこに鉄道を敷設するかという計画が発表された。

この法律は何市と何町の間に線路を敷くかということが延々と記されているものである。民間の会社がそれに合致する申請をすれば、積極的に認可を与えるということだが、一方でこの法律によって鉄道会議という機関が設置され、今後の鉄道建設は、政府、民間を問わず、鉄道会議が工事の着手、順序等を決定すると定められていた。鉄道会議の議長を務めるのは、陸軍の参謀次長である。

参謀次長は一八九二年の就任早々、中央本線の敷設に腕をふるっている。当時、中央本線を建設していたのは甲武鉄道という私鉄である。京急の祖としても知られる雨宮敬次《あめみやけいじ》郎《ろう》の私鉄で、京急は後に星と利光の東京市街鉄道と合併することになる。一九〇一（明治三四）年に星が暗殺されたこともあり、市街鉄道の社長は雨宮が務めていた。

一八八九年、雨宮・甲武鉄道は中央本線の八王子―新宿間を開通し、すでに新宿―三崎町間の仮認可を得ていた。いまの新宿―水道橋に相当する区間である。当時、三崎町は三菱の私有地に変わっていたが、参謀次長が三菱に断りを入れていたかどうかは定かでない。水道橋付近の土地の代金が払い戻されたのも、有楽町と同様、中央本線の八王子―新宿間が開通した後、一九〇〇年になってからである。

参謀次長は仮認可を本認可に切り替える際、雨宮に日本鉄道の下請けとして認可を与えると告げている。岩倉・日本鉄道は皇族と華族が出資して設立した私鉄で、山手線と東北本線を敷設していた。

山手線は当時、品川から渋谷、新宿、池袋を経て赤羽へと到る路線で、文字通り東京の高台、山の手を走っていた。

雨宮敬次郎

上野、日暮里、田端などは、まだ、東北本線の一部で、この時期、日本鉄道は二つの路線をつなごうと、駒込、巣鴨へと建設を進め、一直線に目白に向かっていた。この工事にストップをかけ、山手線に新たに大塚、池袋の二駅を設けるよう言い渡したのも、参謀次長である。

都市の速度を下げた池袋駅

山手線と中央本線の地図が左にある。山手線は環状線だから円形に描かれることが多いのだが、実際は南北に細長くなっている。田端から駒込、巣鴨の先に目白があることもわかる。日本鉄道は当時、この池袋駅を通過する変更に難色を示していたという。その変更で山手線のなかに入るのは巣鴨監獄（いまのサンシャインシティ）だけで、監獄の周囲にはほとんど誰も住んでいなかったからである。

参謀本部が決めたとなれば、普通ならば黙って従うしかないだろうが、さすが皇族と華族の日本鉄道である。監獄を迂回して遠回りするのは、参謀本部の「都市の速度を上げる」という方針に違わないのか、また、それではつりあいが悪くならないかという意見があったということである。

つりあいが悪いといわれてもピンとこないが、当時は地図の上を北にすると決められたばかりで、東京の地図の大半はまだ、隅田川が下になるよう書かれていた。いまの地図を横に倒したようなもので、左下が品川、右下を浅草にしているものが多く、なかには右下を上野にしているものもあったようだ。左ページの地図を倒して山手線を眺めると、確かにつりあいが悪いように思える。

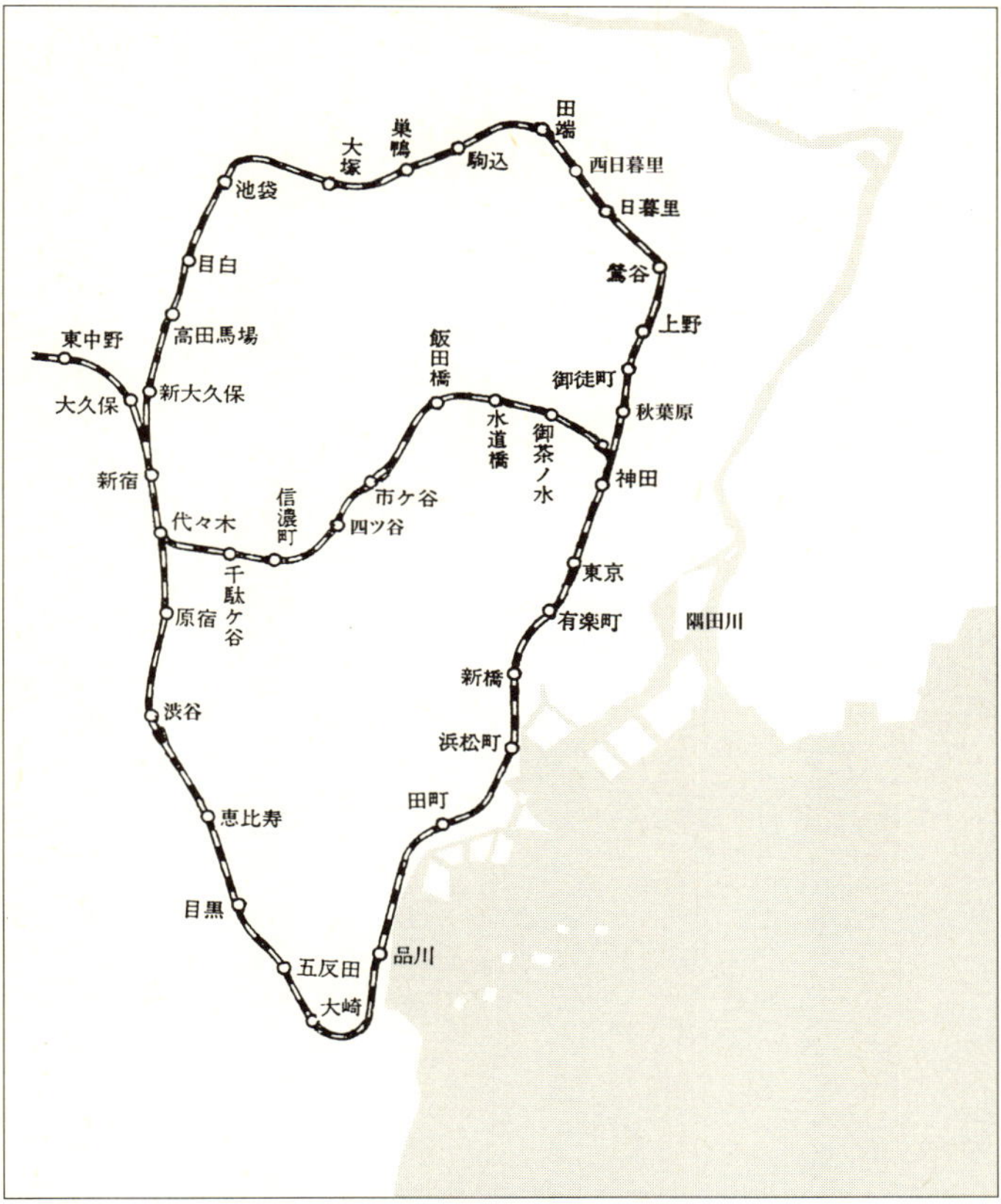

JR山手線・中央線図と隅田川

話を戻して参謀次長と中央本線である。

八王子―新宿間を建設した雨宮は、さらに三崎町（水道橋）へと線路を延長する仮認可を得ていたが、本認可への切り替えに際して、参謀次長に岩倉・日本鉄道の下請けとして認可を与えると告げられた。

だが、雨宮は「投機界の魔王」とまで呼ばれていた豪傑《ごうけつ》で、おそらく「下請け」などという言葉からは最も遠いところで生きてきた人物である。一目で常人とは異なるとわかる目つきで、参謀次長をギロリと一瞥《いちべつ》したそうである。その後のやりとりはよくわかっていないが、結局、甲武鉄道は日本鉄道の支線を建設する会社という扱いになっている。それほど知られていない話だと思う。

参謀次長がこのとき何をしようとしていたか、もう、おわかりではないだろうか。下請けでも、支線をつくる会社でも、参謀次長にとっては同じだった。同一の会社が山手線、中央本線、東北本線の認可を持っていれば、その間のどこからどこへ極秘地下鉄を敷設しても、合法的な存在になるということである。

電車の登場による劇変

丸の内が三菱に払い下げられた一八九〇年、世界初の電車の地下鉄が出現した。ロンドンの地下鉄が蒸気機関車から電車に替わったものである。電車は一一年前に発明されていたが、まだまだパワー不足で、一両の路面電車を走らせることはできても、他の車輛を引っ張れるようになるには一〇年以上かかるといわれていた。だが、ロンドンの地下鉄は客車数両を引っ張れる電気機関車だった。おそらくこれが東京建設を凍結させ、丸の内を三菱ヶ原に変えた原因ではなかったのだろうか。

陸軍がこの時期に移転していたのは、前年に発布された大日本帝国憲法という名からも明らかである。列強の植民地にされることを怯《おび》えていた時代は終わり、領土拡張を是とする立場に変わったということである。それまで仮想敵国は列強で、仮想の戦場は丸の内だっただろうが、領土拡張をめざせば、当面、敵国はアジア諸国で、戦場は海岸や森林、沼地などになる。新生・帝国陸軍にはその訓練が欠けていた。また、郊外に広大な敷地を得れば、より高度な訓練が可能だった。

とはいえ、陸軍の第一の任務は、皇居を守ることである。不測の際はできるだけ早く丸の内に戻らなければならない。緊急発令から一五分でどの部隊が戻ってこられるか、二〇～三〇分ではどうか。おそらく陸軍は、移転前に緊急時のプログラムを作成していた。そのプログラムに従って移転場所が決められ、中央本線や山手線の駅の場所なども、そのプログラムの影響を受けていたはずである。

だが、地下鉄が予想をこえるスピードで実用化され、武器弾薬を輸送することもできた。地下鉄は地上の鉄道とは違って二点を直線で結ぶことができる。河川や丘陵にも左右されない。当時、地下の所有権は政府に属していたから、兵舎と丸の内を一直線に結ぶ地下鉄を敷けた。こうなるとプログラムを再検討しないわけにはいかず、ある程度の方針が見えてくるまでは、どこに道路を敷くか、どこに鉄道を敷くかも決められない。こうして一八九〇年代、東京建設は凍結されたのだと思う。

一八九二年の鉄道敷設法は、その対処の一つではなかったのだろうか。当時、陸軍はほぼ全軍が移転し、多くの兵舎が新設されていた。訓練場の建設にも金がかかっていた。予定外の極秘地下鉄に回す金はなく、民間の資金を活用するしかなかった。この敷設法と鉄道会議の果たした役割はあまり知られていないが、それはこの後、わが国が戦争の連続で秘密主義が徹底され、戦後は一転して戦争を放棄し、陸軍は狂気の集団だったかのように扱われていたため、かつて陸軍が法律を守り、法律をつくりながら戦争に向かっていった過程は顧みられなかったのではないかと思う。

だが、鉄道会議はわが国の鉄道史の転換点だったはずである。しかも、その名は目立たず、意味不明で、それでいて鉄道建設の実質を掌握するという、いかにも参謀本部らしい命名ではなかったろうか。

雨宮が扱いを了承したことで、参謀次長は本認可を与えた。だが、その区間は仮認可とは大きく異なっていた。仮認可は「新宿―三崎町」だったが、本認可は「代々木―飯田町」というものである。

わが国の鉄道には戸籍のような書類があって、その戸籍を調べると、中央本線の新宿―代々木間は空白になっている。甲武鉄道は「新宿―代々木」の認可を得ていない。中央本線の認可は途中で切れているのである。

これは知る人ぞ知る話で、JRは線路の二重認可を避けるためと説明しているが、それは同時に参謀次長が甲武鉄道を日本鉄道の一部と扱い、すでに山手線の認可を有しているとみなしたことを示している。甲武鉄道が別会社だったときは、中央本線は線路がつながっていないことになってしまう。

こうして、中央本線は新宿―代々木間で山手線と並走することになった。書類の上ではその間、山手線に変わっているということである。山手線の新宿駅から大して離れていない場所に代々木駅がつくられたのも、このときの参謀次長の認可に理由があったはずである。

当時、山手線に代々木駅はなかった。雨宮は線路の途中から工事を始め、千駄ケ谷に向かって線路を敷いた。そのまま真っすぐ進んでいけば、赤坂離宮の北の公園から平河天満宮を通過し、皇居の北に至り、さらに先には水天宮があったが、雨宮はカーブして千駄ケ谷駅を設けている。雨宮は千駄ケ谷から信濃町へと建設を進めた。都営大江戸線の国立競技場前駅のすぐわきを通り、神社庁の手前まで線路を敷いた。そのままま真っすぐ進んでいけば、赤坂離宮の南をかすめ、秩父宮邸、後の参謀総長・閑院宮邸（いまの赤坂見附駅）を経て、枢密院（いまの国会議事堂）へと至り、さらに先には、後に日比谷公園になる陸軍の練兵場、日比谷大神宮があって、その裏には数寄屋橋があったが、信濃町に駅を設けてカーブした。

信濃町から四ツ谷へと雨宮は線路を敷き、そのままま真っすぐ進んでいけば、筑土《つくど》八幡神社があったが、四ツ谷駅を設けてカーブし、市ケ谷へと進んだ。市ケ谷駅を出た後、雨宮は外堀のなかに線路を敷設している。明治政府が濠の水を抜いたからである。外堀の深さは一五メートルから二〇メートルにも達していた。そのまままっすぐ進んでいけば、陸軍築城本部を経て東京大神宮へと至り、さらに先には「代々木―飯田町」の認可の終点、神田上水の取水口があった。皇居外堀の水はここから引かれていた。

神田上水の取水口の先には、三菱の岩崎邸、不忍池の清水弁天、上野駅があったが、雨宮は外堀に沿ってカーブし、飯田橋へと向かった。飯田橋の手前に牛込駅を設けている。そのままますぐ進んでいけば、後楽園の陸軍砲兵本廠に至り、さらに先には根津神社があったが、雨宮は新宿―牛込間を開業している。その後、まもなく飯田橋駅が建設され、牛込駅は廃駅となったが、線路が急カーブしているところに駅が設けられたため、いま、飯田橋駅ではホームと電車の間がおそろしく広く開いている。中央本線の飯田橋駅は、幼児にとっては危険な駅である。以前、私はこの駅を通勤に使っていたから、ドアが開いた瞬間、幼児を連れている母親が叫ぶ場面に何度も遭遇した。なぜ、こんな駅がつくられたのか不思議でならなかったが、今回、参謀本部が決めたことだとわかり、多少は納得した。

中央本線の新宿―東京間に、参謀本部は牛込、飯田町、昌平橋、万世橋と四つの廃駅をつくり、御茶ノ水駅を移転した。いま、地下横須賀線のトンネルは、昌平橋駅を向いている。神田川にかかる昌平橋を以前とは異なる場所に架け、万世橋と昌平橋の順番を入れ換えたのも、参謀本部の仕事だったのだと思う。山手線の東京―神田間に設けられた呉服橋、地下鉄銀座線の万世橋、京成電鉄の寛永寺坂なども、参謀本部がつくった廃駅だと思う。いったんそこに駅を設けることで、各種の設備を整えていたのではないだろうか。

雨宮が新宿―牛込を開業した一八九三年、巣鴨監獄、三菱一号館、東京府庁が完成している。巣鴨監獄、牛込駅、三菱一号館、東京府庁は一直線上にあった。地下鉄のトンネルを敷設する際、地上の建築物と同時につくらなければならない理由は、先に有楽町駅について述べたとおりである。

巣鴨監獄と牛込駅の間には、護国寺と筑土八幡神社があって、牛込駅と一号館の間には江戸城天守閣と本丸の跡、東京府庁の先には築地本願寺がある。

戦後、丸の内には地下鉄丸ノ内線が建設された。池袋―東京間を開通した後、丸ノ内線は数寄屋橋、日比谷へと足を延ばしている。山手線の線路に沿って南へ向かうが、丸ノ内線は外堀ではなく、都庁（戦前の府庁）の敷地に突入し、労働局の庁舎の下にもぐりこんだ。それを説明した図が左にある。有楽町駅同様、そのトンネルも戦前につくられていたとしか考えられない。

都営浅草線は人形町駅で労働局の庁舎の方向へと線路が敷かれ、都営三田線は神保町で、千代田線は国会議事堂前で庁舎を向いていた。大江戸線は勝どき―築地市場間と汐留―大門間の二度、庁舎を向いていた。その後、都庁が移転し、JR京葉線が、この庁舎が建っていた場所に乗り入れ、東京地下駅が開業した。しかも、人形町、神保町、国会議事堂の駅は、同駅から等距離にある。

銀座線の上野広小路、丸ノ内線の本郷三丁目―御茶ノ水間、日比谷線の六本木、都営三田線の水道橋も、やはり、社会局の庁舎を向いている。しかも、距離も同じである。私はこのようなことが偶然に起こるとは思っていない。それは一つの理論にもとづいて地下建設が行われてきた結果だと思う。もちろん、私はそれらのトンネルが戦後につくられたとも思っていない。

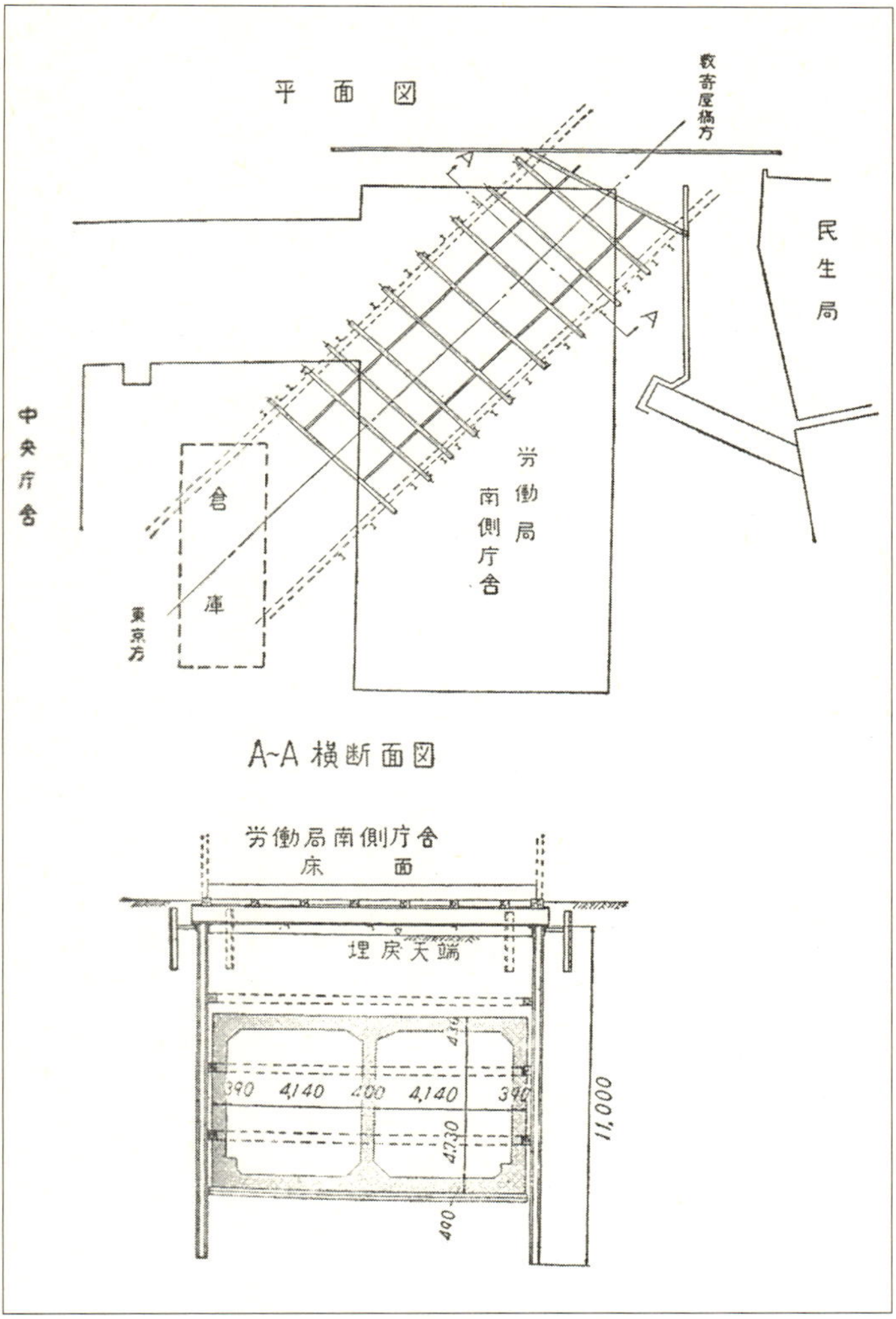

丸ノ内線　都庁平面・断面図

要塞都市・東京

東京という都市は、私は、中世ヨーロッパの五角形の要塞理論で築かれていると思う。函館の五稜郭などと同じである。詳細は次の機会に譲るが、この理論では、五角形の各辺や対角線と平行に地下道をつくることになっている。この理論をわが国に伝えたのはウィリアム・アダムズ（三浦按針《みうらあんじん》）とヤン・ヨーステンだったはずである。二人の専門は、砲術と要塞の理論である。

左が私の考える江戸城の五角形である。東京地下駅と地下鉄各駅を結ぶ直線の多くが、この五角形の辺や対角線、中心線に一致している。虎ノ門と竹橋を結ぶ直線も、中心線の一つである。それらの直線の先には、中央本線の建設の際にあげた神社がある。

一九九〇年前後に江戸城の外堀を調査した考古学者・北原糸子氏は『江戸城外堀物語』のなかで次のように述べている。

東京という都市をある人は不死鳥、ある人はいずれその死を迎えるべき運命にある都市だという。たしかに、底知れない魅力と魔力に満ちた街にはちがいないが、それは、目に見える世界のことだ。未知の部分を地上ではなく、地下に持っているといってよい。考えてみれば、その大部分は、考古学の対象となる江戸の地下構造物ではないだろうか。

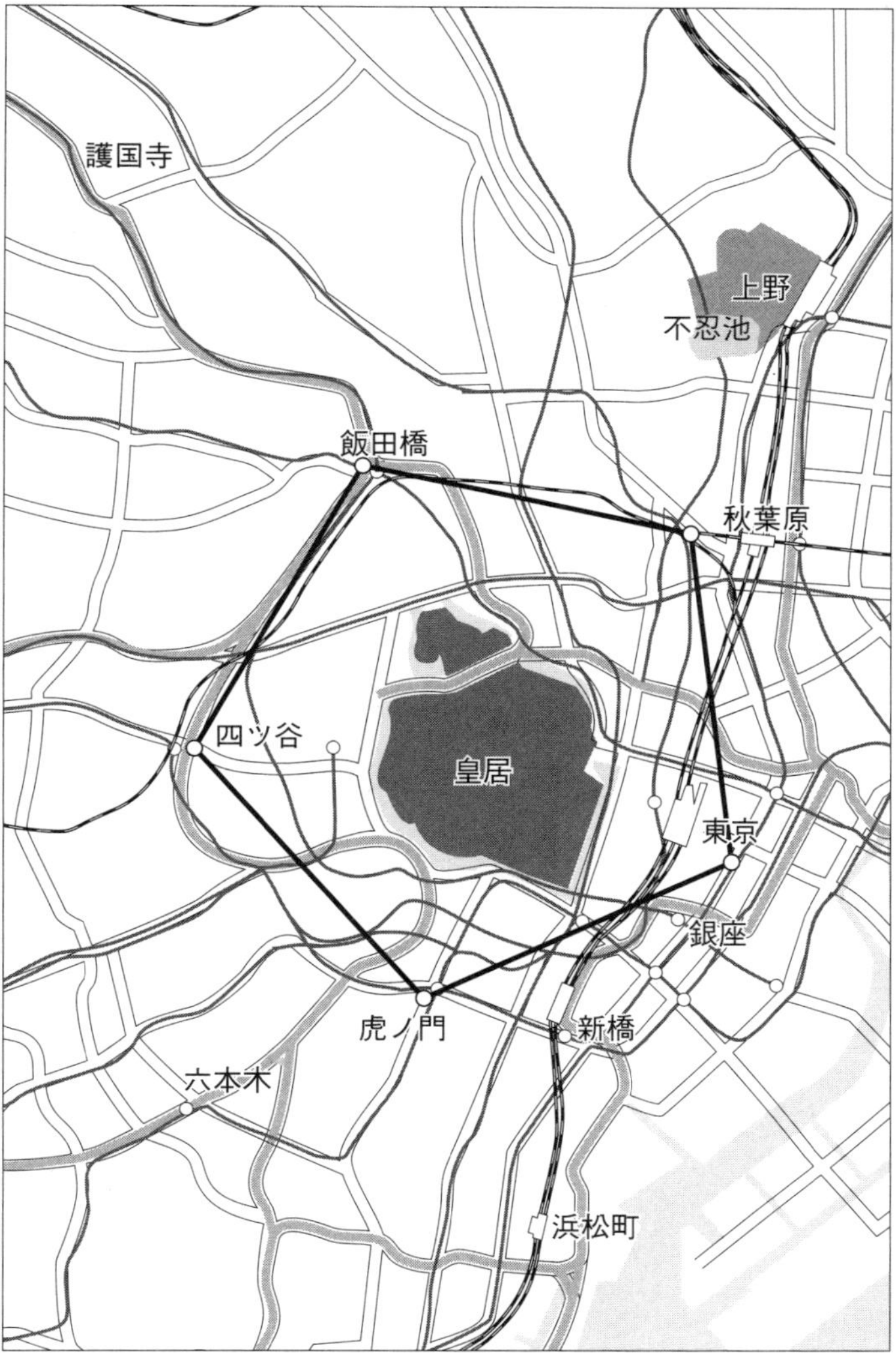

江戸城五角形図

東京には江戸時代に地下網がつくられていたと私は思う。その地下道は五角形の要塞理論にもとづいて築かれた。そしてその地下網の拠点が神社仏閣だったということである。

参謀次長がなぜ、代々木駅の場所を選んだのか、また、東京市街鉄道には、なぜ、日比谷―数寄屋橋、日比谷―神田橋の認可が与えられたのかといえば、そこにはすでに江戸期につくられた地下網の拠点があったからだと思う。そのトンネルに線路を敷くだけで、極秘地下鉄が完成したということである。

GHQがつくった地図で地下道が浮かび上がる

二二六ページに終戦後の一九五三（昭和二八）年に米軍が作成した地図がある。この地図は東京の地下を表しているのではないかと、これまでにも何回か提示してきたものである。地図①の地点に神田橋「Kanda-bashi」とある。

神田橋―数寄屋橋を直線で結び、その直線を北に延長していくと上野公園に至る。戦前、上野公園に地下鉄を敷設した京成電鉄は、利光がおこした私鉄である。この直線は戦前に廃駅になった京成の寛永寺坂駅に至り、この地図では地下の駅の場所に「Kanei-ji」と記されている（地図②）。

その直線を南に延長すると、旧新橋駅を過ぎたところで東海道線に重なる。この地図では、そのポイントに東海道線「TŌKAIDŌ MAIN LINE」とある（地図③）。

この直線は、寛永寺坂駅の「Ka」、神田橋の「Ka」、東海道線の「KA」を結んだものになっていて、先にあげた五角形の対角線にあたる。

地図の右上④の地点、市街鉄道が認可を取得した浅草に雷門「KAMINARIMON」と記されている。

寛永寺坂と雷門を結ぶ直線も、五角形の対角線に平行になっている。この地図では、利光・東京市街鉄道が認可を取得した所に限って「Ka」「KA」のアルファベットが現れる。
⑤牛込見附「Ushigomemitsuke」、⑥新見附「Shinmitsuke」、⑦市ヶ谷見附「Ichigayamitsuke」と書かれたアルファベットの「Ke」が並んでいる。有楽町線のトンネルに重なるものである。「Ke」のアルファベットは、中央本線と京急の祖・雨宮が認可を得た所に集中して現れる。
この地図では、戦前、東京市が地下鉄の認可を得ていた場所には「Shi」「si」のアルファベットが並んでいる。⑧新宿御苑「Shinjuku Imperial Garden」、⑨飯田橋「Iidabashi」、⑩不忍池「Shinobazuno-ike」、⑪清水観音堂「Shimizu-dō」などの「Shi」が一直線に並んでいる。

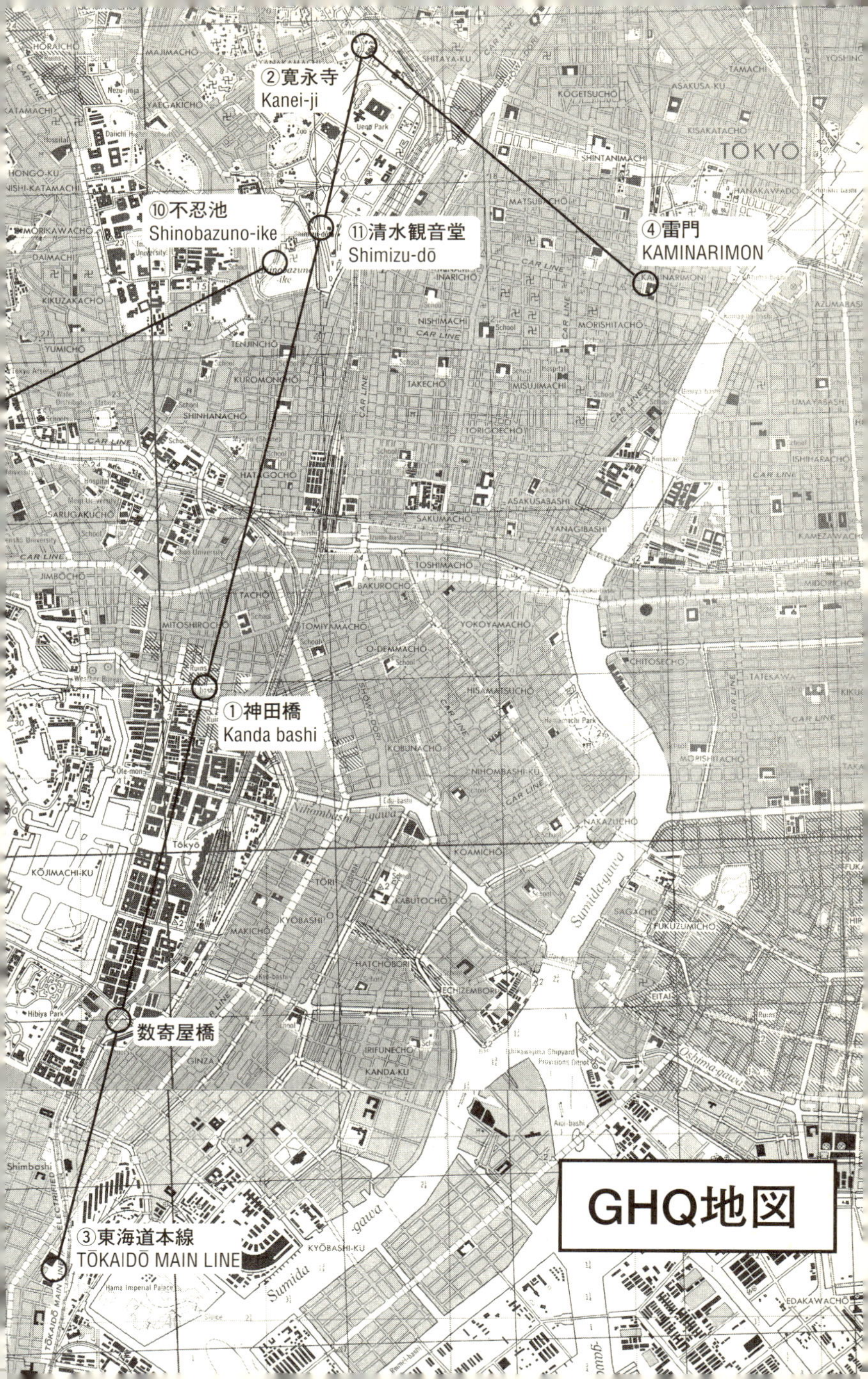
②寛永寺
Kanei-ji
⑩不忍池
Shinobazuno-ike
⑪清水観音堂
Shimizu-dō
④雷門
KAMINARIMON
①神田橋
Kanda bashi
数寄屋橋
③東海道本線
TŌKAIDŌ MAIN LINE
GHQ地図
TŌKYŌ

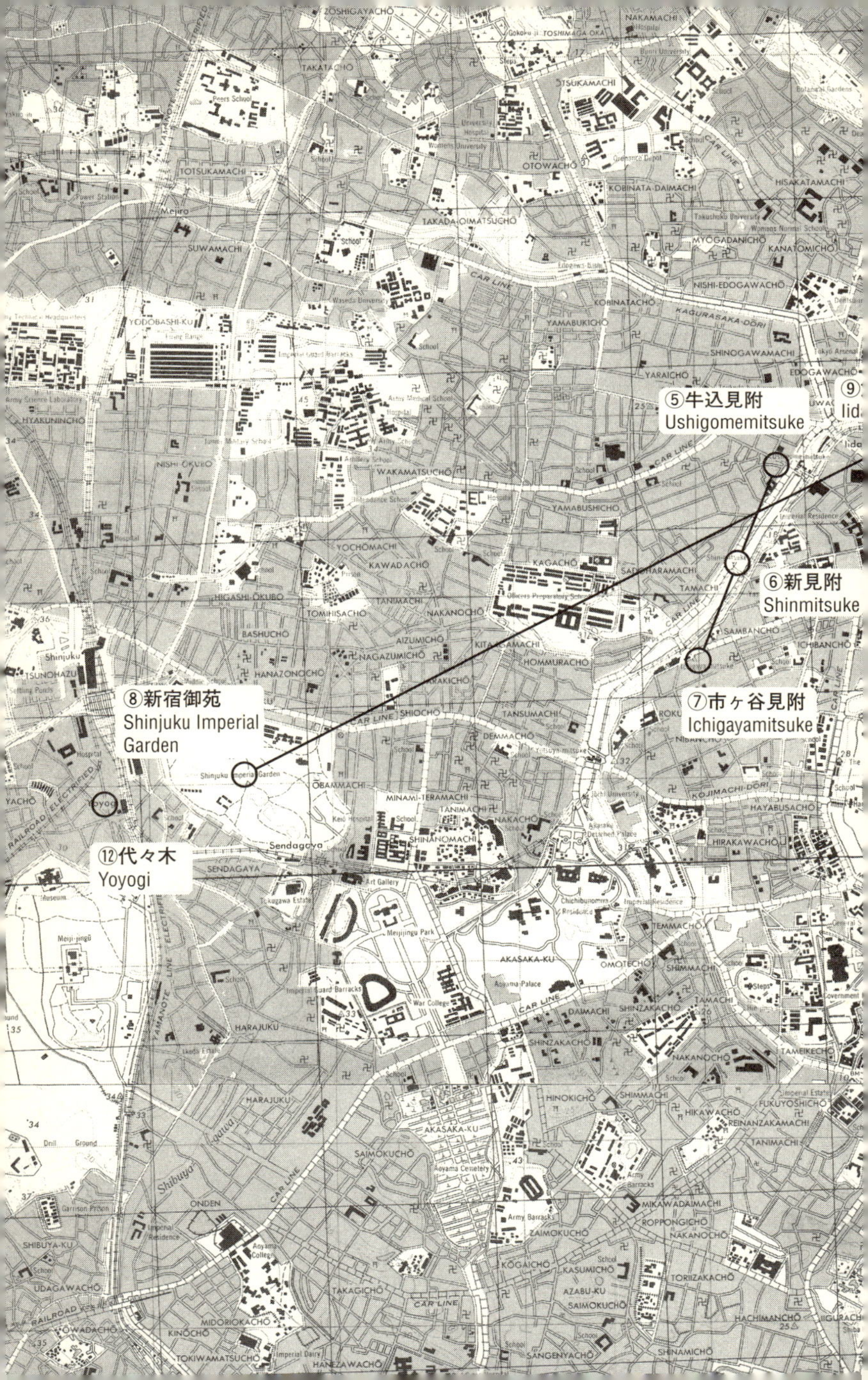

⑤牛込見附
Ushigomemitsuke
⑥新見附
Shinmitsuke
⑦市ヶ谷見附
Ichigayamitsuke
⑧新宿御苑
Shinjuku Imperial
Garden
⑫代々木
Yoyogi
ZOSHIGAYACHŌ
NAKAMACHI
TAKATACHŌ
Peers School
OTSUKAMACHI
TOTSUKAMACHI
OTOWACHŌ
HISAKATAMACHI
KOBINATA-DAIMACHI
Mejiro
TAKADA-OIMATSUCHŌ
MYOGADANICHŌ
KANATOMICHŌ
SUWAMACHI
NISHI-EDOGAWACHŌ
CAR LINE
Waseda University
KOBINATACHŌ
YODOBASHI-KU
YAMABUKICHŌ
KAGURASAKA-DORI
SHINOGAWAMACHI
YARAICHŌ
EDOGAWACHŌ
HYAKUNINCHŌ
NISHI-OKUBO
WAKAMATSUCHŌ
YAMABUSHICHŌ
YOCHŌMACHI
KAWADACHŌ
KAGACHŌ
SANAIHARAMACHI
TAMACHI
HIGASHI-OKUBO
TOMIHISACHŌ
TANIMACHI
NAKANOCHŌ
SAMBANCHŌ
ICHIBANCHŌ
BASHUCHŌ
AIZUMICHŌ
NAGAZUMICHŌ
HOMMURACHŌ
Shinjuku
HANAZONOCHŌ
SHIOCHŌ
TANSUMACHI
DEMMACHŌ
NIBANCHŌ
OBAMMACHI
MINAMI-TERAMACHI
KOJIMACHI-DORI
HAYABUSACHŌ
YACHŌ
TANIMACHI
SHINANOMACHI
HIRAKAWACHŌ
Sendagaya
SENDAGAYA
Art Gallery
Meijijingu Park
Museum
Meiji-jingū
AKASAKA-KU
Imperial Guard Barracks
War College
Aoyama Palace
TEMMACHŌ
SHIMMACHI
OMOTECHŌ
HARAJUKU
DAIMACHI
SHINZAKACHŌ
TAMACHI
TAMEIKECHŌ
SHINZAKACHŌ
NAKANOCHŌ
HINOKICHŌ
HIKAWACHŌ
FUKUYOSHICHŌ
REINANZAKAMACHI
Shibuya
SAIMOKUCHŌ
Aoyama Cemetery
TANIMACHI
Army Barracks
MIKAWADAIMACHI
ONDEN
ROPPONGICHŌ
ZAIMOKUCHŌ
NAKANOCHŌ
SHIBUYA-KU
Aoyama College
KŌGAICHŌ
KASUMICHŌ
TORIIZAKACHŌ
UDAGAWACHŌ
TAKAGICHŌ
AZABU-KU
SAIMOKUCHŌ
RAILROAD
HACHIMANCHŌ
ŌWADACHŌ
MIDORIOKACHŌ
KINŌCHŌ
TOKIWAMATSUCHŌ
HANEZAWACHŌ
SANGENYACHŌ
SHINAMICHŌ

江戸、明治、大正、昭和、平成と、おそらく東京の地下はつねに極秘扱いだった。この地図も作成された当時は米軍の極秘資料だったが、二〇〇三（平成一五）年、一般に情報公開された。おそらく私たちに地下の真実を語る唯一の資料ではないかと思う。

代々木に眠る極秘地下道

小田急電鉄は一九四八（昭和二三）年、南新宿―東京駅間の地下鉄を申請している。経由地は定かでないが、全長七・六キロとある。

GHQの地図を見ると、代々木駅（地図⑫）の東に新宿御苑、駅の西に小田急電鉄が走っている。

中央本線が地図の中央を東西に横断している。東京市が敷設した極秘地下鉄は「SHI」、京急雨宮は「KE」、小田急電鉄は「AR」「RA」、陸軍は「RI」「KU」で表されていると思う。この地図には、他にも暗号が隠されているように思える。そのアルファベットの場所に戦後、首都高のインターチェンジが建設されている。首都高が地上地下の二重構造であるということは、これまでも主張してきたことである。

代々木の地下道は、読者自身で見つけてもらいたい。

私は代々木駅の真下を極秘地下鉄が通過していたと思っている。そのトンネルは道路に変わっているかもしれないが、いまもそこにあると思う。私の主張が誤っているというなら、私はどこにでも出ていくつもりだが、もしも、私の主張が正しいとわかったときは、いま、伏せられている代々木付近の地下を開放していただきたいと思う。

あとがき

たかだか地名ごときに「御」の字など、もってのほかということで、明治初期、御茶ノ水は町名にはならなかった。が、参謀次長指導の下、いまのJR中央本線が建設され、御茶ノ水という駅がつくられた。御所以外の場所に「御」の字が使われたのは、皇居の北ではおそらく初めてだった。

三菱の二代目・岩崎弥之助は、当時、御茶ノ水に住んでいた。初代の弥太郎が後藤象二郎《ごとうしょうじろう》から譲り受けた屋敷である。弥之助はこの地をこよなく愛していたが、中央本線の建設時、政府に立ち退きを要請されている。一八九一（明治二四）年、弥之助の屋敷跡にはニコライ堂が建てられた。皇居内堀の竹橋とニコライ堂とは、二つの「御」を結んだ直線上にある。

参謀次長指導の下、その後、三つめの「御」が建設された。JR山手線の御徒町《おかちまち》駅である。一九九〇（平成二）年、この駅の北口ガードで道路が突然、陥没し、たまたま現場を走行していた車もろとも一五メートル落下する事故があった。この事故には多数の負傷者があったが、当時の建設省は以前からトンネルがあったという事実を伏せ、真相は闇に葬られた。

戦後、都営三田線に御成門という駅がつくられ、営団の千代田線には新御茶ノ水駅ができた。御成門、新御茶ノ水、JR御茶ノ水の「御」のラインは、上野と芝の東照宮を結んでいる。先の「御所、御茶ノ水、御徒町」のラインも、もともとは神田明神と日枝《ひえ》神社を結んでいたはずである。

地下道がいかにわが国の歴史に深く根ざしていても、だからといって、国民には伏せておくということにはならないはずである。その地下道の維持費がどこから捻出されているにしても、結局、払っているのは国民である。しかも、いま、その地下道を利用しているのは天皇家でもなければ皇族でもなく、政治家、官僚、警察、消防、地方自治体である。先ほどあげた「御所、御茶ノ水、御徒町」のラインは、台東区役所と目黒区役所を一直線に結んでいる。

東京の地下についてはじめて本を出した後、建築の専門家に「あなたはジャーナリストが決して入ってはならない所に足を踏み入れてしまった」といわれた。最近になって、ようやくその意味がわかってきた。どれほど詳しく事実を調べ、たとえ真実をつかんだとしても、この戦いに私が勝つことはない。本来なら秘密主義など許されないはずだが、それがわが国の形だということである。

本書では、皇室には十分に配慮したつもりである。神社仏閣についても必要最小限に抑えている。当初は皇居の白鳥濠や蓮池濠から神社仏閣へと十角形を描くことも考えていたが、本書の趣旨は地下道の暴露でもなければセンセーショナリズムでもないので、今回は控えることにした。

参考文献

【地下鉄・道路関連】

『東京地下鉄道史』（1934／東京地下鉄道）
『東京地下鉄道丸ノ内線建設史』（1960／帝都高速度交通営団）
『東京地下鉄道日比谷線建設史』（1969／帝都高速度交通営団）
『東京地下鉄道千代田線建設史』（1983／帝都高速度交通営団）
『東京地下鉄道有楽町線建設史』（1996／帝都高速度交通営団）
『東京地下鉄道半蔵門線建設史』（1999／帝都高速度交通営団）
『東京高速鉄道略史』（1939／交通日報社）
『東京高速鉄道計画概要』（1934／東京高速鉄道）
『昭和を走った地下鉄』（1977／帝都高速度交通営団）
『都営地下鉄建設史』（1971／東京都交通局）
『地下鉄道の話』（1928／東京市）
『東京地下鉄全駅ガイド』（2003／人文社）
『地下鉄物語』朝日新聞東京本社社会部（1983／朝日新聞社）
『東京急行電鉄50年史』（1973／東京急行電鉄）
『京王電鉄五十年史』（1998／京王電鉄）
『小田急五十年史』（1980／小田急電鉄）
『首都高速道路公団三十年史』（1989／首都高速道路公団）

『道路現況調書』（２００２／国土交通省）
「地下鉄ホームの怪」斎藤栄（１９７７／毎日新聞社）

【建築・都市計画・防空関連】

『総覧日本の建築 第3巻』日本建築学会編（１９８７／新建築社）
『近代日本建築学発達史』日本建築学会編（１９７２／丸善）
『建築雑誌』（１９３９年7月号／日本建築学会）
『清水建設百八十年』（１９８４／清水建設）
『大成建設のあゆみ』（１９６９／大成建設）
『東京の都市計画』越沢明（１９９１／岩波新書）
『東京都市計画物語』越沢明（１９９１／日本経済評論社）
『東京の都市計画を如何にすべき乎』中村順平（１９２４／洪洋社）
『明治の東京計画』藤森照信（１９８２／岩波書店）
『明治の国土開発史』松浦茂樹（１９９２／鹿島出版会）
『輝く都市』ル・コルビュジエ／坂倉準三訳（１９５６／丸善）
『輝く都市』ル・コルビュジエ／坂倉準三訳（１９６８／鹿島研究所出版会）
『防空と都市計画』（１９３８／東京市）
『日本の電話』（１９６７／朝日新聞社）
『防空都市の研究』磯村栄一ほか（１９４０／萬里閣）
『江戸城外堀物語』北原糸子（１９９９／ちくま新書）

『日本防空史』浄法寺朝美（1981／原書房）
『日本築城史』浄法寺朝美（1971／原書房）
『東京大改造』尾島俊雄（1986／筑摩書房）
株式会社サンシャインシティ・ホームページ
『都市居住環境の再生――首都東京のパラダイム・シフト』尾島俊雄監修（1999／彰国社）
『東京の行政と政治』C・A・ビアード博士（1924）

【地図・地域資料関連】

『地図をつくる――陸軍測量隊秘話』岡田喜雄編（1978／新人物往来社）
『地図の歴史　世界篇』織田武雄（1974／講談社現代新書）
『測量・地図百年史』測量・地図百年史編集委員会編（1970／国土地理院）
『GHQ東京占領地図』福島鑄郎編著（1987／雄松堂出版）
『MPのジープから見た占領下の東京』原田弘（1994／草思社）
『国会議事堂』（1990／共同通信社）
『国会議事堂』松山巖・文+白谷達也・写真（1990／朝日新聞社）
『国会おもて裏』読売新聞解説部（1978／読売新聞社）
『霞ヶ関100年――中央官衙の形成』建設大臣官房官庁営繕部監修（1995／公共建築協会）
『霞ヶ関歴史散歩』宮田章（2002／中公新書）
『日比谷公園』前島康彦（1980／郷学舎）
『皇居外苑』前島康彦（1981／郷学舎）

『発掘が語る千代田の歴史』千代田区教育委員会編（1998）

【人物関連】
『地下鉄の父・早川徳次の事業展開とその評価』君島光夫（1998）
『仕事の世界』五島慶太ほか（1951／春秋社）
『五島慶太』羽間乙彦（1962／時事通信社）
『五島慶太伝』三鬼陽之助（1954／東洋書館）
『五島慶太の追想』（1960／五島慶太伝記並びに追想録編集委員会）
『利光鶴松翁手記』小田急電鉄編（1997／大空社）
『昭和天皇独白録』寺崎英成＋マリコ・テラサキ・ミラー編著（1991／文藝春秋）
『後藤新平』鶴見祐輔（1965〜67／勁草書房）
『吾等の知れる後藤新平伯』三井邦太郎編（1929／東洋協会）
『原敬日記』原奎一郎編（1965〜67／福村出版）
『建築家下元連九十六年の軌跡』下元連（1985／営繕協会）

【地図資料】
『1万分の1地形図新宿』（1999／国土地理院）
『ゼンリンの住宅地図東京都千代田区』（1976／日本住宅地図）
『大東京全図』（1941／内務省）
『東京輻輯地図』（1911）

参考文献

『ニューエスト13 東京都区分地図』（2003／昭文社）
『はい・まっぷ千代田区住宅地図』（1999／セイコー社）
『丸ノ内地図』（1921）
「メトロネットワークカレンダー」（2006／東京地下鉄株式会社）
『ユニオンマップ東京区分ワイド都市地図集』（2003／国際地学協会）
『CENTRAL TOKYO』（1948／GHQ）
『TOKYO MAP』「AMS・L774」（1952／GHQ）
『TOKYO MAP』「AMS・L874」（1953／GHQ）

写真提供　講談社写真資料センター

著者略歴
秋庭俊（あきば・しゅん）
一九五六年、東京に生まれる。横浜国立大学を卒業後、テレビ朝日に入社。社会部、外報部の記者を経て、海外特派員を務める。米軍のパナマ侵攻、ペルー左翼ゲリラ、カンボジアの国連PKO、湾岸戦争などを取材。一九九六年、同局を退社。作家、ジャーナリストとして、東京の地下鉄をテーマに執筆活動を続けている。
著書には『帝都東京・隠された地下網の秘密』（新潮社）、『帝都東京・隠された地下網の秘密［2］』『帝都東京・地下の謎86』（以上、洋泉社）、『ディレクターズカット』（講談社）などがある。
ホームページ　http://homepage3.nifty.com/norikoakiba/

新説《しんせつ》　東京《とうきょう》地下《ちか》要塞《ようさい》——隠《かく》された巨大《きょだい》地下《ちか》ネットワークの真実《しんじつ》
二〇〇六年六月一五日　第一刷発行
二〇〇六年七月　七日　第二刷発行
著者——秋庭《あきば》俊《しゅん》
カバー写真——ａｍａｎａ
装幀——熊谷英博

発行者——野間佐和子　**発行所**——株式会社講談社
東京都文京区音羽二丁目一二—二一　郵便番号一一二—八〇〇一
電話　編集〇三—五三九五—三五二九　販売〇三—五三九五—三六二二　業務〇三—五三九五—三六一五
本文組版——朝日メディアインターナショナル株式会社
印刷所——慶昌堂印刷株式会社　**製本所**——株式会社上島製本所
落丁本・乱丁本は購入書店名を明記のうえ、小社業務部あてにお送りください。送料小社負担にてお取り替えいたします。
なお、この本の内容についてのお問い合わせは生活文化第二出版部あてにお願いいたします。
ＩＳＢＮ4-06-213354-7
定価はカバーに表示してあります。